Dieses Buch erscheint in einer einmaligen, vom Autor signierten
Auflage von 5000 Exemplaren
numeriert von 0001 bis 5000

Dieses Exemplar trägt die Nummer

3199

Redaktion: Ulli Stepan
Graphische Gestaltung und Herstellung: Stefan Wassak
Umschlagentwurf nach einer Zeichnung von Jean Tinguely

CIP-Kurztitelaufnahme der Deutschen Bibliothek

Heller, André

Die Trilogie der möglichen Wunder / André Heller. – Wien; Berlin: Medusa-Verlagsgesellschaft, 1983.

Enth. u. a.: 1. Roncalli. – 2. Flic flac
ISBN 3-85446-084-8

Gesamtherstellung: Druck- und Verlagsanstalt Gutenberg Wiener Neustadt
Printed in Austria
ISBN 3-85446-084-8

André Heller

Die Trilogie Der Möglichen Wunder

RONCALLI FLIC FLAC THEATER DES FEUERS

André Heller

Die Trilogie der möglichen Wunder

RONCALLI FLIC FLAC THEATER DES FEUERS

MIT TEXTEN von Ernst Bloch,
Gerhard Eberstaller, André Heller,
Ernst Herhaus, Dominik Keller, Jakov Lind,
Friederike Mayröcker, Laszlo Moholý-Nagy,
Oskar Schlemmer, Hilde Spiel,
Hans Jürgen Syberberg und anderen
SOWIE PHOTOGRAPHIEN von
Gabriela Brandenstein, Christine
de Grancy, Jacques-Henri Lartigue,
Britta Michaelis, Jürgen Sieckmeyer,
Stefan Moses, Erich Lessing und anderen

MEDUSA

Dieses Buch widme ich dem Gedenken an Monika Krenner.
André Heller

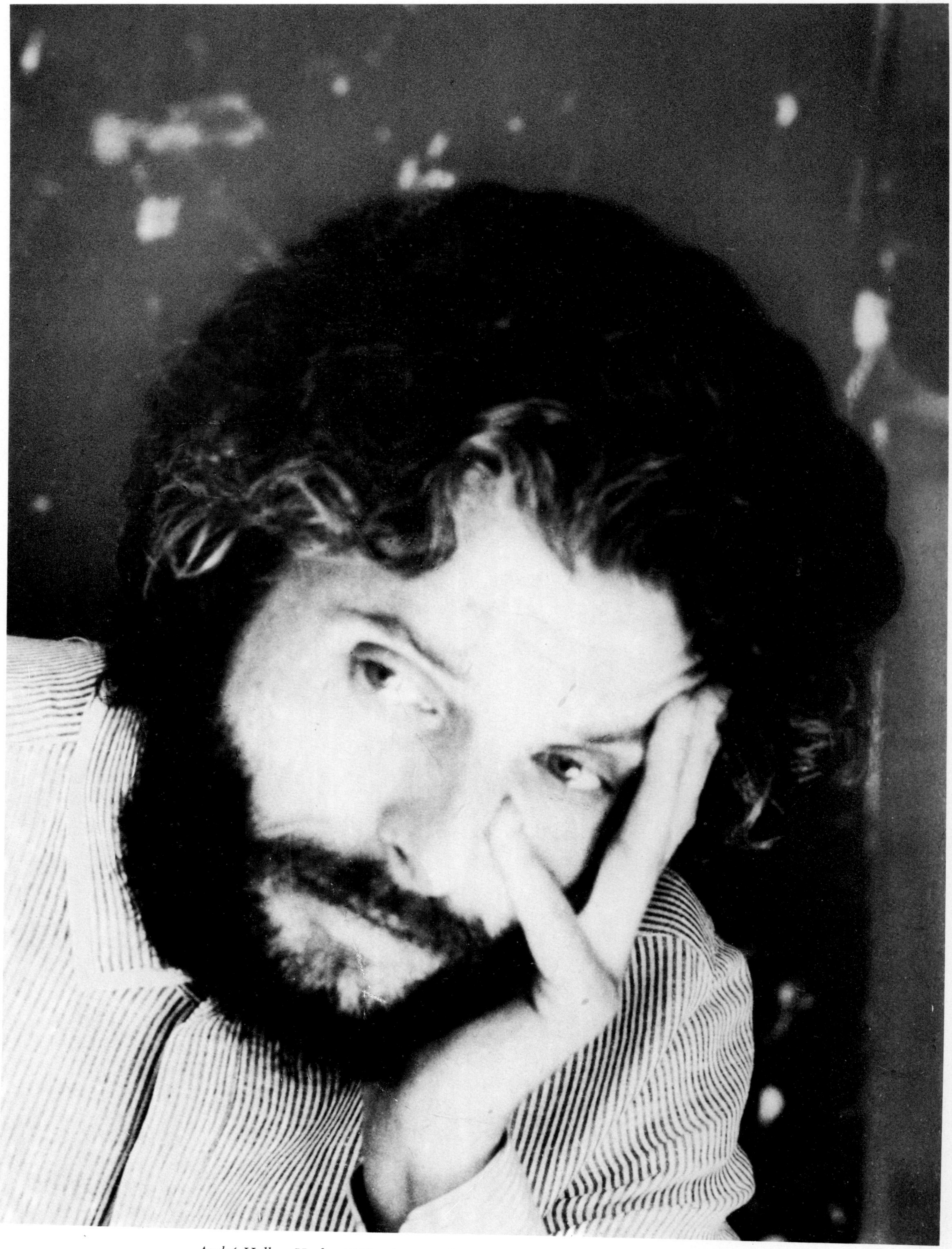

André Heller, Herbst 1983, photographiert von JACQUES-HENRI LARTIGUE

VORWORT

ANDRÉ HELLER
WIEN, AM 4. OKTOBER 1983

Dieses Buch ist der Versuch einer Inventur dreier Arbeitsergebnisse aus den Jahren zwischen 1975 und 1983, die ich unter dem programmatischen Titel „Die Trilogie der möglichen Wunder" zusammengefaßt habe. Es handelt sich dabei um Vorschläge zur Verhinderung oder zumindest Stabilisierung der allgemeinen *„Inflation der Zauberer"*, wie man, in Erweiterung eines Gedankens von Kurt Moldovan, das, aufgrund der Preisgabe des Magischen, bedauerliche Nachlassen der tiefreichenden Faszination und Wirkung von zeitgenössischen Kunstwerken nennen könnte. Als Gegner der lachhaften Konzeptkunst und leidenschaftlicher *Verwirklicher* mußte ich oft genug schmerzlich erfahren, daß ein Gedanke zur Tat schrumpft. Aber weitaus öfter ermutigen noch die elendsten Verwirklichungen zu immer neuen Wagnissen, indem sie ihrem Schöpfer wundersame Kraft spenden. Was ich im Künstlerischen anstrebe, will ich anhand einer Passage aus „Sylvie und Bruno" von Lewis Carroll erklären: „Ich möchte einen Augenblick lang innehalten und sagen, daß der Gedanke an die Möglichkeit des Todes – ruhig vorgestellt und standhaft ins Auge gefaßt – eine der bestmöglichen Proben abgäbe, um zu entscheiden, ob wir mit dem Besuch irgendeines Ortes richtig oder falsch handeln. Erfüllt *dich* der Gedanke an einen plötzlichen Tod, als im Theater vorgestellt, mit besonderem Schrecken, dann sei gewiß, daß das Theater für *dich* schädlich ist, so unschädlich es auch immer für andere sein mag und daß du dich mit dem Besuch in eine *tödliche Gefahr* begibst. Die verläßlichste Regel, dessen sei sicher, lautet, daß wir es nicht wagen sollten, an einem Schauplatz zu leben, an dem wir es nicht auch wagten, zu sterben."
Meine Absicht war und ist es, Schauplätze und Geschehnisse zu schaffen, die meiner Todesstunde und meines Todes würdig wären.

RONCALLI

Ein circensisches Spektakel, 1976

Wer, wenn er normal und bei Verstand ist, geht schon auf einem Seil oder drückt sich in Versen aus?
JEAN GENET

Die Clowns stehen ein für ein anderes Leben, nicht für die Ordnung dieser Welt. Mir scheint, es gibt nur zwei Professionen, die von Natur aus Vertraute des Friedens sind, und gar nicht die, von denen man es denken sollte. Nicht die sehr zweifelhaften barmherzigen Schwestern (die schließlich auf den Krieg, nur anders als Generale, warten) noch auch die Pazifisten (die von der Kriegsgefahr, nur anders als die Rüstungslieferanten, leben), sondern die Mathematiker und die Clowns: die Meister des abstrakten Denkens und der abstrakten Physis. Der Frieden, der von ihren Unterschriften garantiert wäre, wäre der einzige, dem ich vertrauen würde.
WALTER BENJAMIN

2,3,4, Erster Aufbau des Roncallizeltes, 16. April 1976, Wien, Schlachthof St. Marx

TONBANDPROTOKOLL EINES GESPRÄCHES ZWISCHEN HANS JÜRGEN SYBERBERG UND ANDRÉ HELLER AM 13. UND 14. AUGUST 1976 IN ST. GILGEN AM WOLFGANGSEE

Syberberg
Wenn man hört: „Regie und Zirkus Heller", wie hat man sich das vorzustellen? Ich habe mich oft gefragt, was an diesem Zirkus von Ihnen ist.

Heller
Zunächst einmal der Wunsch, ihn zu realisieren. Die Idee des neuen poetischen Spektakels, das Erstellen der Startlöcher für alle Mitarbeitswilligen. Die Regie beginnt in diesem spannenden Fall beim Geldauftreiben, beim Motivieren von Schlossern und Tuchhändlern und Bankdirektoren. Die Übertragung eines Traumes in die Realität zwingt einen natürlich, zunächst die Produktionsmittel zu organisieren. Später, im angenehmeren Teil, darf man dann künstlerisch arbeiten: Feuerwerke, Schatten, Kostüme, Bewegungen und Musik beschwören.

Syberberg
Jetzt muß ich aber dazwischen fragen, wie kommt man denn an die Artisten, wenn man nicht vom Fach ist und keine Adressen kennt?

Heller
Man arbeitet an einem Wunschzettel und schickt dann quasi eine Expedition in die Welt; sie soll prüfen, ob überhaupt noch jemand für diese Art von Programm lebt. Mich interessiert der blanke Artist, der nicht hinter hochtechnischen Apparaten zurücktritt. Die Übertragung der Concorde- und Blue-box-Mentalität in das Chapiteau ruiniert den Sinn: „Zirkus". Das Außergewöhnliche darf sich nicht mit Gebräuchlichem verbrüdern. Zumindest nicht, ohne es zu verfremden.

Syberberg
Sind das Leute, die in verschiedenen Winkeln noch Zirkus machen, oder solche, die es gar nicht mehr tun?

Heller
Sie haben beim Zirkus gearbeitet, beim Variété oder im Nachtklub oder sie waren Weihnachtsmänner im Warenhaus. Artisten meiner Sehnsuchtsklasse sind Dinosaurier, aussterbende oder ausgestorbene Antipoden zur Gleichmachergesellschaft.

Syberberg
Haben sich die einzelnen Nummern bei Ihnen auch verändert?

Heller
Ja, sie sind für die Begriffe mancher Ausführender älter, restaurativer geworden. Für meinen Begriff allerdings viel jünger.

Syberberg
Können Sie ein Beispiel nennen, wo sich das verändert hat?

Heller
Zum Beispiel Herr Hsing Tao, ein chinesischer Zauberer nebst reizender Frau. Er ist im Routinezustand Lassokünstler, Messerwerfer und zusätzlich noch ein bedeutender Faktor der österreichischen Artistengewerkschaft. Ihn habe ich gefragt, „was haben Sie 1940 gemacht?" „Da hatten wir eine Vase, aus der ich Gegenstände zauberte", war seine Antwort. „Ich wünsche mir Hasen, Enten, Mädchen, Seidentücher, Federblumen." „Ja, das kann man alles machen. Die Vase muß man nur bei einem Spenglermeister in Auftrag geben und dann gehört sie schwarz bemalt, da wirkt sie schlanker, und die Wirkung verzehnfacht sich." „Könnten Sie auch als Chinese Messer werfen?" „Das macht man nicht, das ist die Domäne der Indianer und Cowboys", hat er geantwortet. „Das ist schon eine Begründung, um Sie ganz bestimmt in einen Chinesen zu verwandeln." Dann habe ich noch gedacht: Laß ihn nicht auf seine eigene, geübte Frau zielen, sondern gib ihm Menschen, die Angst davor haben, gib ihm schöne junge Mädchen, die auch tatsächlich erschrecken, wenn sie erschrecken, die sich nicht übermenschlich furchtlos darbieten. Und dann habe ich noch einen Clown in die Nummer hineingenommen und natürlich die Musik aus dem „Land des Lächelns". So hatten wir den idealen, synthetischen Theaterchinesen, der auch noch selbst-

5

6, Der mit der Milch eines Marders großgezogene Hsing Tao

ironisch den seidenen Schnurrbart abnimmt, ehe er mit verbundenen Augen die Messer schleudert. Und das war dann eine der schönsten Nummern im Programm, weil sie die Sensationsperfektion ad absurdum führte und demonstrierte, daß Zirkus etwas zutiefst Künstliches ist.

Syberberg
Aber in die Artistik haben Sie nicht stark eingegriffen? Was zum Beispiel das Balancieren oder das Feuerschlucken betrifft?

Heller
Jedes Anbiedern an die erbärmliche Optik unserer Zeit habe ich verboten. Da hat mir der Maler Hubert Aratym geholfen und auch das Beleuchtungswissen von David Hersey. Kein Plastik, keine visuelle Derbheit. Dem grandiosen Feuer- und Degenschlucker zum Beispiel, habe ich eine neue Identität gegeben. Die Artisten werden ja nie mit einer Lebensgeschichte präsentiert, sondern lediglich mit mehr oder weniger originellen Namen. Sie sind dann eben saltoschlagende Namen, oder messerwerfende oder feuerspeiende. Jetzt hat „Tagora" eine geträumte, und daher zirkusadäquate Herkunft. Er ist am Fuße eines Vulkans geboren und wurde mit der Milch eines Marders großgezogen. Ich habe ihm erklärt, „du bist bei Kämpfen gegen fleischfressende Riesenpflanzen verwundet worden. 1952 mußtest du ein Jahr pausieren, weil dich ein Meteor geblendet hat." Ich habe ihm Stationen eines Lebens injiziert, als hätte er das Gedächtnis verloren, und ich wünschte, daß diese neue Identität voll akzeptiert und die tatsächliche ersetzen würde.

Syberberg
Und wo kommt der „Tagora" wirklich her?

Heller
Aus Vorarlberg. Er war ein großer Star in Amerika, bei verschiedenen Shows und Revuen; inzwischen ist er ein etwas älterer Herr mit einem Bedürfnis, das Feuer-

rad zu den Erinnerungen zu legen. Das zentrale Problem seiner Karriere war stets das Degenschlucken. Man hält es für einen Trick, aber zum Beweis der Echtheit besitzt er ein Röntgenfoto, worauf man die Klinge auf ihrem Weg durch die Speiseröhre in den Magen erkennt.

Syberberg
Eine tragische Figur. Ich selbst habe es auch nicht geglaubt. Beim Zuschauen habe ich gedacht, er drückt auf ein Knöpfchen und dann rollt sich das zusammen. Man glaubt es einfach nicht.

Heller
Ich habe eine Zeitlang damit kokettiert, dieses Röntgenbild herumtragen zu lassen. Aber das wäre auch noch kein Beweis. Ein Beweis wäre einzig und allein, wenn man einen Röntgenapparat in der Manege hätte, aber so etwas würde wieder zuviel Technik einführen.

Syberberg
Solche Sachen liest man oft in alten Büchern. Es muß sie also früher gegeben haben.

Heller
Es gibt auch heute noch Reservate der Gaukler und Equilibristen. In Marokko, auf dem größten Jahrmarkt, dem im Programm zitierten Djema el Fnah, sieht man das Berauschende: Derwische, Wahrsager, Scherbentänzer, Hypnotiseure, Akrobaten, wie unsere begnadeten Freunde von der Truppe „Tanger".

7, Erste Generalversammlung des Roncalliensembles, 23. April 1976

Syberberg
Haben Sie einzelne Dinge vollkommen ausgetauscht?

Heller
Um Ihre Frage präzise zu beantworten: es wurden einige Sachen ausgetauscht und auch einige Menschen mußten weggebeten werden, weil sie einfach nicht bereit waren, Verantwortung für sich und die Gruppe zu tragen. Weil der übliche Zirkus so ungeheuer hierarchisch, so hassenswert autoritär geführt wird und dort viele Menschen arbeiten, die sich wohlfühlen in ihrer traditionellen Unterdrückung. Zirkus, das ist eines der tiefsten Reservate der Klassengesellschaft, und was man von herrlicher Kameraderie immer wieder hört, ist weitestgehend Unsinn, zumindest außerhalb des Programms. Ich habe da Dinge kennengelernt, die es in einer freien Gesellschaft überhaupt nicht mehr geben dürfte. Oben steht der Direktor, dann kommen verschiedene Meister, Zeltmeister, Werkzeugmeister und Meistermeister, dann die Artisten, dann der Koch, dann die Untermenschen, will heißen Arbeiter. Solange mein Programm lief, empfanden wir es alle als unsere größte Schuldigkeit und unseren größten Erfolg, daß es diese Kasten nicht gab. Jeder war ein Star. Das erzeugte die Magie, den Ursprung unserer Verzauberungsfähigkeit. Denn Verzweifelte können nicht glücklich machen und Strangulierte nicht singen. Die Forderungen, die man an die Programmqualität stellt, können nur erreicht werden, wenn man sie auch an den Menschen selbst stellt. Von inneren Wirkungen her äußere erzeugen, das war unser Wollen.

8, Lebende Bausteine

Syberberg
Sie sprachen einmal von einer notwendigen Radikalisierung des Programms.

Heller
Ich habe damit gemeint, daß mir der Erfolg nicht ganz geheuer war. Ich hätte gerne gehabt, daß die Todesnähe im Zirkus eine bemerkbare Rolle gespielt hätte, denn hinter dem Flitter bläht sich Angst auf. Ich habe mir gewünscht, daß mitten im Programm einer aus der Kuppel abstürzt, zerbrechend in die allgemeine Freude, und hinausgetragen wird, und der Conférencier sagt: „Meine Herrschaften, es ist nichts passiert, nur ein Abschied, ein langes Adieu, die nächste Nummer.“ Solche Verstörungen, sie würden dieses im Jubel entblößte Publikum verletzen und ihm ein fruchtbares Erschrecken ermöglichen.

Syberberg
Ist das nicht geschehen, weil Sie bequem gehandelt, oder weil die anderen protestiert haben?

Heller
Es ist nicht geschehen, weil die Artisten ab einem bestimmten Punkt einfach passen, über Traumbord gehen. Ich bin davon überzeugt, daß wir die willigsten hatten, die überhaupt existieren. Artisten sind aber eben größtenteils „traute“, ich begreife dieses Wort seit kurzem, äußerst „traute“ Lebewesen.

Syberberg
Aber zum Beispiel diese drei Goldmänner, sie tun doch auch das, was Artisten normalerweise nicht tun. Sie machen sich mit dem größten Erfolg, den man haben kann, freiwillig lächerlich.

Heller
Nein, sie haben sich bis zu ihrem Engagementantritt in meinem Programm immer als sehr seriös betrachtet. Seriös ist ein falsches Wort, als todernst. Und als die Zuschauer das erste Mal lachten in Bonn, da waren sie zornig, haben gesagt „das haben wir doch nicht notwendig“, und ich habe versucht, ihnen zu erklären, welche Assoziationen sie unfreiwillig hervorrufen – zu bestimmten faschistischen Plastiken, dieses Grenzgängertum zwischen Speer und Arno Breker oder Gustinus Ambrosi. Sie wollten das nur mühsam begreifen. Eines Tages haben sie sich dann gesagt, der Erfolg ist so groß, wir akzeptieren die neue Funktion, auch wenn die Leute früher nicht so reagiert haben, aber: „lassen Sie uns zwinkern, damit alle begreifen, daß auch wir begriffen haben.“

9–13, Nachdenkmäler

Syberberg
Was haben die Olympias vorher gemacht?

Heller
Ich glaube Nachtklubarbeiten. Sie dienten als erotische Komponente.

Syberberg
War der Programmablauf genauso, oder hat man da etwas verändert?

Heller
Hätte man nur einen Millimeter daran verändert, wäre es wahrscheinlich nicht so grandios gewesen. Die Königsidee ist die Zeitlupe, dieses Gleiten, man hat das Gefühl, sie sind eigentlich Raupen, die kriechend etwas sehr Bedrohliches darstellen. Mich hat das immer still gemacht, und ich muß ehrlich sein, ich konnte nie lachen. Ich war auch merkwürdig berührt, als die Leute lachten. Aber das Lachen ist wahrscheinlich ein Notausgang. Ich stehe auf seiten der Nachtklubbesucher und glaube, daß dieser Auftritt eine große erotische Dimension hat.

Syberberg
Ich habe mich umgeschaut, ich war ja mehrere Male da und habe immer wieder gemerkt, daß die Frauen besonders elektrisiert waren, und ungeheuer interessiert. In Ihrem Programm ist das ein bißchen wie eine Ohrfeige.

Heller
Weil eben der Zirkus für gewöhnlich renitent keusch ist, weil das Erotischste, was dort gestattet ist, enganliegende Trikots oder Hebefiguren sind, wo man einer Frau zwischen die Beine sieht und vier, fünf Schamhaare zu erkennen glaubt. Ich erinnere mich: Als Kind empfand ich das als eine etwas schmuddelige Sensation, und die Nummerngirls waren eigentlich immer ein gleitender Übergang zwischen Akne und Gina Lollobrigida. Bei unseren Nummerngirls haben wir das Vorstadtprostituiertenflair ins Vergessen geschickt. Sie sind alle „süße Mädel“, selbstbewußte Zärtlichkeitsguerillas.

Syberberg
Ich habe auch beobachtet . . . Mit meinen Freunden haben wir uns unterhalten und

14, Zärtlichkeitsguerillas

uns unsere Favoritinnen herausgepickt. Wir haben gesagt, die, die zuerst herausgekommen ist, oder die, die als zweite herausgekommen ist, oder die mit dem blauen oder roten Kleid – also jeder hatte so seine Favoritin, und ich habe beobachtet, was die Atmosphäre dieses Zirkus ist: Daß man gerade diese Erotik verspürt, die auf eine gewisse Weise die Männer, und das betrifft ja auch mich durchaus, animiert – und das sieht man gerne. Die Frauen reagieren da etwas anders, etwas kichernder, auch etwas aggressiver in der Sympathie, und bei den Mädchen eher umgekehrt. Die Männer, die Freunde, die sich „solche Katzen" heraussuchen, nur für die Augen, sie wirken ja wie Blumen, sie wirken ja nicht geil, gar nicht, sie wirken auch nicht harmlos, sie wirken auf eine ganz bestimmte Weise erotisierend, wie man es halt gerne hat. Aber sie haben ja auch sehr viele andere Sachen inszeniert, was so dazwischen passierte, wenn man hereinkam. Ich fand das alles sehr witzig. Die Leute wurden aktiviert, sie mußten selbst etwas tun.

Heller

Ja, das Programm begann im Grunde genommen beim Kartenkauf, weil diejenige, die die Karte verkaufte, sich schon prinzipiell von allen Kassiererinnen dieser Erde unterschied. Weil eine gewisse Liebe vorhanden war. Aber keine gespielte, denn meine Leute lieben den Zirkus und lieben diejenigen, die zum Zirkus gehören. Und sie wollten, daß die Besucher auch wissen, daß sie geliebt werden. Und deswegen habe ich das Gefühl gehabt, es ist wichtig, daß man die Zuschauer körperlich berührt. Ich saß dann oft auf einem Sessel, beim Einlaß, und sah, wie diese fast zweitausend Leute vorbeitrieben und was mit ihnen geschah, dieses Mysterienspiel, diese Seelenwäsche, das Geschminktwerden, der Weihrauch, das Zurückzucken, wenn eine Frauen- und eine Männerhand sie abtastete, das Erarbeiten von Intimität, die Augen schlafen miteinander, der Flitter, der Patschuliduft, besiegeln dann einen poetischen Pakt. Ich bemerkte, wenn man einer fremden Person über die Lippen strich, wie rasch sie bereit war, sich bis zu einem gewissen Grad auszuliefern, welche Macht, welche Verantwortung einem übertragen wird. Man stimuliert sie, sich zuzugeben, sich unter Schweißausbrüchen in die Sehnsucht der Kindheit zurückzutasten. Die großen Hemmungen, der plötzliche Dammbruch an Sentiment. Manche waren auch sprachlos vor Berührungsangst, und das war natürlich eine große Erfahrung für die Ausführenden, die manchmal am Anfang behaupteten: „Ich kann das nicht, zu jemandem hingehen und fragen, ‚geht es dir schlecht, erzähl mir etwas von dir'. Oder ihm einen Spiegel vors Gesicht halten mit den Worten ‚Erkenne dich'." Eine andere merkwürdige Begebenheit war das Aufsichnehmen der Unbequemlichkeit von seiten der Zuschauer. Der Zirkus war ungeheuer schmutzig. Wo man anstreifte, war Staub, bei Regen entstand überhaupt Sumpf und gerade dann hatten wir eine besonders gute Stimmung. Normalerweise gehen die Leute weg, denn Regen ist ein uralter Zirkushorror. Bei uns saßen sie, ohne Übertreibung, knöcheltief im Wasser und horteten in den Stulpen ihrer Hosen Konfetti, Papierschlangen und Requisitenabfall. Ich habe einmal beobachtet, wie ein Herr nach der Vorstellung zur Manege ging, Sägespäne aufhob und sich den Ärmel damit einrieb. So wie sich ein Kind in eine Drecklache wirft. Er hat sich einfach vollkommen hingegeben.

Syberberg
Es war erstaunlich, daß die Leute mehrmals kamen. Haben Sie das beabsichtigt oder war das ein Zufall?

Heller
Beabsichtigen kann man so etwas nicht. Ich wollte ursprünglich ein Programm, das mir gefällt, aus meinem Kopf für meine Sinne. Aber daß die Leute öfter kamen – ich weiß, warum: Weil sie süchtig wurden. Ich bin dieser Idee auch von Anfang an hörig gewesen, und das Ende des Spektakels trifft mich vor allem als Zuschauer. Ich habe es über hundertmal gesehen.

Syberberg
Über das Gemeinschaftsgefühl, über Massenveranstaltungen, über den Bauch, über das Gesamterlebnis. Mein Arzt zum Beispiel hat mir erzählt, daß er oft zu kulturellen Ereignissen geht, fast jeden Abend, und auch Zirkus sehr gut kennt, aber so etwas ist ihm selten passiert: Wenn er am nächsten Tag in seiner Praxis ist und die Leute ein und aus gehen, denkt er immerfort an diesen Abend im Zirkus.

Heller
Ja, da hätten wir dann erreicht, was die Schlußworte fordern, daß der Zirkus in diesem Zelt zu Ende ist, aber im Kopf weitergehen möge.

Syberberg
Die Frage ist einfach, geht er wirklich weiter? Geht er weiter als Erinnerung an diesen Abend, oder geht er weiter als ein Anstoß im Menschen, seine eigene Phantasie zu beleben, seine eigenen poetischen Qualitäten zu mobilisieren?

Heller
Da gibt es einige sehr positive Beispiele. Lehrer, die ganze Schulklassen hinbrachten und dann sagten „gründet euren eigenen Zirkus, macht eine eigene Vorstellung", oder es gab ein Mädchen, das zwei Monate jeden Tag als Clown geschminkt auftauchte, als Zuschauerin. Sie sagte: „Während ich zuschaue, spiele ich meine Clownnummer", oder ein Bursch, der mit einer Zeitung mit zwei Gucklöchern am Eingang stand. Ich habe ihn gefragt: „Wer sind Sie?". Seine Antwort war: „Ich bin der poetische Privatdetektiv. Ich beobachte hier. Ich muß einen Mordfall aufklären." Und er stand das durch, jeden Tag, und ich bin überzeugt, daß er auch eines Tages den Mörder findet. Das sind die Leute, bei denen unter Umständen eine positive Deformation stattgefunden hat. Aber allgemein hätte ich gerne einigen Jubel gegen Betroffenheit eingetauscht.

Syberberg
Aber das können Sie doch noch korrigieren?

Heller
Ich werde bestimmt keinen Zirkus mehr machen, weil ich nicht auf die Welt gekommen bin, um meine eigenen Erfolge zu kopieren. Da sollen jetzt andere weiterdenken, entwickeln. Ich reise nicht gerne in Sachen Abziehbilder.

15, Einlaßvergnügungen

16, Goldregen

Syberberg
Viele sprechen vom Zirkus als dem großen Erlebnis, dem großen Ziel und dem großen Wunder, meistens ein nostalgisches. Sie haben es nun gemacht, Sie haben es realisiert. Glauben Sie, daß gerade Ihre früheren Erfahrungen rein praktischer Art eingeflossen sind? Das, wovon wir vorhin sprachen: daß die Menschen ganz anders eingeführt wurden, daß sie ein anderes Gefühl bekamen? Sie werden ja nicht bloß unterhalten, sie müssen ja selber mitmachen.

Heller
Mein Ballast an Bildung hat sich als nicht unnütz erwiesen. Es gibt einen Zettelkasten in meinem Kopf, wo Dinge notiert sind: poetische Akte, bizarre Happenings, literarische Flic Flacs, Häßlichkeiten und Schönheiten, das Gewitter während des Käfigabbaues, der Clown, der das Licht fangen will, die Schmetterlingsjagd in der 37. Reihe, der Auftritt der Wolfsballerina, Baudelaire als Überbrückungskredit für technische Arbeitsprozesse, das tägliche Neujahrsfest mit Feuerwerk, Donauwalzer und Publikumstanz, die Stempelung der Schaulustigen mit „Sei Poet", Chlebnikovs „Gedicht über das Lachen" als Pausenstimulans, Wiener Lieder und Chinesische Oper, so ziemlich alles, was Moholy-Nagy vom totalen Theater gefordert hat. Aber, um ehrlich zu antworten, habe ich im Grunde genommen gedacht: Wie schaut ein Zirkus aus, der dem Heller gefällt. Sei dein eigener Rattenfänger, pfeife eine Melodie auf deiner Denkflöte und schau, ob du dieser Melodie nachgehst. Das war der Grundgedanke. Kein Missionarismus, kein Mach-die-Menschen-glücklich oder nachdenklich, sondern: Mach dir ein Fest, dir ganz allein. Das ist bei allen meinen Arbeiten so. Ich gebe ja meinen Dingen keine Pseudonyme. Die Helden meiner Filme, Bücher, Lieder sind immer: Ich. Gar nicht umschrieben und gar nicht versteckt. Das nimmt man mir auch übel, hält es für Narzißmus, übermäßige Eitelkeit. Ich halte es für fair und ehrenhaft. Ich bin nun einmal das beste Beispiel für mein Denken. Letztlich war diese Aufführung wieder: Ich. Ich, dargestellt von sehr vielen Menschen, und diese Menschen sind Partikel meines Traumes. Es ist sehr bedauerlich, daß sie mir nicht vollends gefolgt sind, weil sie dachten: Wenn ich

17,18,19, Monika und Ali geht es gut

dem folge, gehe ich wahrscheinlich in den Untergang, und ich war ihnen das Risiko ihres Untergangs nicht wert. Das achte und bedaure ich.

Syberberg
Sie meinen jetzt die Artisten?

Heller
Ja, die Artisten.

Syberberg
Wir haben über zwei Sachen noch nicht gesprochen, die mich interessieren, und zwar über die weiße Figur, also den „Engel der möglichen Wunder", und über die Clowns. Ich glaube, es ist sehr typisch, daß wir beide es ausgespart haben.

Heller
Ich muß da vielleicht vorher kurz erzählen, wie alt dieser Zirkus in mir ist. Im Jahre 1952 war ich fünf Jahre alt, da gab es natürlich noch zahlreiche Bombenruinen in Wien. Die Beleuchtung war karg und die Schatten wirkten bedrohlicher. Eines Tages stand nahe der Mariahilfer Straße ein Zirkus. Ich hielt das für eine Delegation aus einer anderen Sphäre, für einen Kometen, ein transportables Schlaraffenland und eine aufregende Heimat. Alles war bunt, ich habe das erste Mal etwas wirklich Buntes gesehen. Die gewöhnlichen Wohnungen, die Möbel darin waren alle braun oder weiß. Meine Familie trug elegante, also unauffällige Kleidung. Das Spielzeug war zumeist aus braunem Holz. Die großen Gebäude, Schulen, Amtshäuser waren noch vom Krieg her mit Tarnfarbe gestrichen oder hatten graue, abbröckelnde Fassaden. Plötzlich schrie dieses Zelt mit roten und gelben Glühbirnen, mit Flaggen in allen Variationen – und dann die Kostüme, mein Gott, damals fand meine eigentliche Geburt statt. Ich erinnere mich an die Clowns, ich sehe sie wie unter der Lupe. Sie trugen alles, was angeblich schlechten Geschmack repräsentierte: grün zu blau, kariert zu gestreift, zu kurze Hosen, zu große Schuhe. Sie haben sich einen Dreck um die Normen geschert. Sie waren ein Fußtritt für meine Erziehung. Man mußte sie einfach vergöttern. Der eine, er hieß Carlito, stellte sich tot, und ich dachte: das ist das vollkommene Glück, eingeklemmt zwischen Lachen und frohen Menschen seinen absoluten Abschied

zu nehmen. Der tote Clown, das war irgendwie mein Bild vom lebendigen Heller. Und als sich herausstellte, daß er nur scheintot war, begann ich hemmungslos zu weinen und rief „bitte sterben, bitte wieder sterben" und erhielt dafür tosenden Applaus. Später habe ich auf die Trottelfrage „was willst du werden" immer geantwortet, „Zirkuszelt". Und meine Aufpasser haben stets zu korrigieren versucht: „er meint Zirkusdirektor". Aber ich wollte nicht Clown, nicht Direktor, nicht Dompteur werden, sondern sehr wohl ein Zelt. Ein Ort für das Außergewöhnliche. Widerlich war mir übrigens immer der Conférencier. Immer und überall. Bei Kino-Modeschauen, Hausfrauennachmittagen, bunten Abenden, im Varieté und im Zirkus. Denn er war immer ein gescheiterter Schauspieler, der üble Autorität besaß, immer sagen konnte: „Kindern ist der Aufenthalt in der Manege verboten" oder „wir fordern Sie auf, hier nicht zu rauchen". Er war immer dick, er hatte immer einen mit Schminke verschmutzten Kragen, immer grobe Handbewegungen und schwitzte. Und in „Pinocchio" gibt es den Zirkusdirektor, einen Bösewicht, der auch zugleich Conférencier ist. Ich habe mir geschworen, wenn man das einmal richtig machen will, dann muß der schön sein. Dann müßte er jung sein und noch einen ganz großen Erfolg vor sich und nicht einen großen Mißerfolg hinter sich haben. Die zentrale Figur im Zirkus darf kein Gescheiterter sein. Und deswegen haben wir einen besonders schönen, besonders idealisierten Sympathieträger gesucht. Es bestand am Anfang einmal ein Plan, daß ich das selbst machen sollte. Aber das wäre furchtbar geworden, ich hätte das ganze Programm ruiniert mit meinem Bart, meiner Nase, meinem Selbstbewußtsein und dem „Hellerismus"; ich hätte alles zerstört. Auf alle Fälle ist der Nabel des Zirkus die Manege, und die Manege hat noch einmal einen Nabel, und das ist der Conférencier.

Syberberg
Woher haben Sie denn Ihren „Engel der möglichen Wunder", wer ist das, woher kommt er?

Heller
Ein Südtiroler, ein bei Jacques Decroux, wo Pierre Byland Dozent ist, ausgebildeter Pantomime. Er war auch in Strehlers „Spiel der Mächtigen" beschäftigt. Er kann viele Sprachen, er hat ein Gesicht, das ihm zumindest die Lippen und Aufmerksamkeit der Frauen zuträgt.

20, Heller im Alter von 7 Jahren als Zauberer

Syberberg
Also würde er in seinen Paß schreiben: „Schauspieler".

Heller
Ich hoffe, er würde in diesem Augenblick schreiben: „Engel der möglichen Wunder", denn er ist ja derjenige, der den Zuschauern das Entscheidende sagte: „Nichts ist unmöglich, wenn wir es stark genug beschwören." Und ich glaube, daß tatsächlich alles möglich war in diesen drei Stunden.

Syberberg
Dieser Engel hat einen ganz starken Moment, in dem Augenblick, in dem er diese Clownnummer mitspielt, in dem er die Backen voll hat und spuckt und plustert. Er steht ja lange herum und wartet auf seinen Einsatz, und dieser Einsatz ist dann ganz richtig und ganz schön, weil er dadurch so unengelhaft wird. Er wird dadurch ein spuckender Clown.

Heller
Ja, das ist richtig, aber dramaturgisch ist mir die Engelfigur etwas aus dem Griff geraten. Anfangs stimmte es, wenn er sich von der Marionette in den Sprecher verwandelte, aber dann ging irgendwie der Bogen verloren, aber das hängt auch wieder sehr damit zusammen, daß bestimmte Dinge finanziell nicht möglich waren. Ich wollte zum Beispiel, daß sich einer in die Kuppel hinaufsetzt und über einen langen Zeitraum den unzufriedenen Zuschauer repräsentiert. Er motzt: „Die Vorstellung ist besonders schlecht, man soll sich mehr zusammennehmen." Daß also einer immer dann, wenn die Leute sagen, „das ist herrlich", dazwischen schlägt: „Ja, aber das gibt es alles sehr viel besser", daß man den Mechanis-

21, Die „Bienchen-gib-mir-Honig"-Tragödie

22,23,24, Die ersten Roncalliwägen vor und während ihrer Verwandlung

mus der Superlative entlarvt. Denn der gewöhnliche Zirkus versteht sich als die größte, die schönste, die waghalsigste und die teuerste Show, er ist ein „nouveau riche".

Syberberg
Sie sagten vorhin, Sie hätten gerne noch etwas mehr Kitzel drinnen, daß sich alles ein bißchen überschlägt, und daß auch Sie Angst bekommen, Sie wollten mehr – Todesnähe . . . Wo ich doch gerade auch wieder gehört habe, daß dieser Zirkus . . . Sie selbst haben gesagt, daß dieser Zirkus das gerade ausklammern will: diese Supersensationen.

Heller
Sie verstehen es richtig, Sie kombinieren es nur etwas falsch. Ich zerstöre ja diese Supersensations-Sehnsucht, indem ich den Menschen ständig darauf aufmerksam mache, daß er sie erwartet. Wenn also jemand aus der Kuppel abstürzt – und das wird als Beistrich der Handlung abgetan – dann glaubt der intelligente Zuschauer ja nicht an ein tatsächliches Unglück. Er begreift aber unter Umständen: „Ich habe mir ja so etwas gewünscht."

Syberberg
Sie wollen also einen Papptod, der sich wie bei Ihrem Clown wieder auflöst, Sie wollen nicht den richtigen Tod riskieren.

Heller
Ich würde schon. „Der Zirkus Heller" mit Heller als Programm würde sich für ein Sterben schon zur Verfügung stellen können. Für etwas, das letztlich nicht Pappmaché ist. Eine Schlußvorstellung, bei der das Zelt verbrennen würde, bei der sich ein Wirbelsturm wichtig machen könnte. Das würde ich begrüßen. Ich wünsche mir keinen Toten, aber ich bete darum, daß dieses Zelt einen würdigen Abgang hat. Alles, nur kein Transportunternehmen, das die einzelnen Teile in ein Depot schleppt und der Vergessenheit anvertraut. Insgeheim träume ich immer von der Windhose, die auftaucht, und gütig das Projekt zu den Sternen trägt. Das stattgefundene Ende, durch den Skandal, den Abbruch meiner Stücke bei ausverkauftem Zelt, Kündigung von zweiundvierzig Mitarbeitern, das hat ja auch eine akzeptable Dramatik. Aber mein Ideal war das nicht. Als PS zur

Kündigung fällt mir übrigens ein, daß nach meinem Streit mit dem Zirkusdirektor Paul und meinem daraus erfolgten Abgang, unter diesen zweiundvierzig Arbeitern, die freiwillig gekündigt hatten, immerhin fünfundzwanzig ehemalige Zuschauer waren. Leute, die einfach nach einer Vorstellung gekommen sind und nicht mehr fortgehen wollten. Traumbesessene, die diese Idee beschlagnahmt hat.

Syberberg
Ja, das war es, was ich schon von Anfang an gemeint habe – man hat es gefühlt, an der Kasse, überall, im Buffet. Gefühlt, daß es nicht Routiniers waren. Alle lachten, alle freuten sich. Das war schon ein merkwürdiger Haufen, der da zusammengekommen war. Und dann machten sie etwas. Halbe und ganze Laien, mit dem Wunsch, für eine Zeitlang auszubrechen, ein Jahr ihres Lebens herzugeben. Das hat sich wohl auf die Zuschauer übertragen, nicht?

Heller
Ich habe gegen das Kollektiv immer ein Vorurteil gehabt, besser gesagt: ein erlittenes Urteil, und die teilweise Revidierung dieser Meinung ist eine der wesentlichen Erfahrungen bei diesem Projekt. Ich war viele Jahre meines Lebens im Internat. Da konnte nur bestehen, wer besonders viele Tore schoß, wer zu Weihnachten beim Krippenfigurenschnitzen dem Heiligen Josef das beste Profil verpassen konnte. Ich bin immer nur gedemütigt worden in diesen Vereinen. Man hat mich im vierten Stock aus dem Fenster hinausgehalten, weil man genoß, wieviel Angst ich hatte. In diesem Zirkus war am Anfang wieder vieles bedrohlich, und ich habe immer Erbarmen organisieren wollen, eine seelische Lebensqualität durchzusetzen versucht. So entstand eine Art Selbstverwaltung. In dieser Zeit, wo alle darüber reden, alle von Modellen schwätzen, hatten wir ein Modell, das funktionierte, wie lange – das konnte niemand sagen, aber drei Monate war es ein Paradies. Dieser Untergang, dieses bösartige Ende ist wahrscheinlich der Preis der Herrlichkeit.

Syberberg
Es muß ja auch einen Grund geben, warum das nie zuvor realisiert wurde. Immer wieder wollten Leute Zirkus ma-

25,26,27, Zeltstimmungen

chen. Die Dadaisten, die Surrealisten, die Futuristen – und niemand hat es geschafft, weil es eine zu gewaltige Organisation ist; weil man soviel Geld dafür aufwenden muß; weil, wie sie gesagt haben, zunächst einmal über drei Viertel der Vorbereitungszeit nichts mit künstlerischen Dingen zu tun hat. Das ist so, wie wir heute in Deutschland Film machen. Als Regisseur muß man zunächst einmal Geld auftreiben, man muß sehen, ob diese Leute, die Artistik, das Team auch gefunden werden können. Irgendwelches Erbe oder Häuser von Großmüttern belehnt man, und am Ende muß man beten, daß es keinen Tag regnet oder daß nicht irgendeiner krank wird. Und die Darsteller bekommen ja auch je nach Lage, zwanzig- oder dreißig- oder vierzigtausend Mark, und das kann auch gar nicht wieder reinkommen. Da ist nur Risiko, kein Gewinn, weil diese Firma das ja nicht reinspielt; so kann also nur notfalls gerade kostendeckend mit Treuhandnachprüfungen produziert werden. Aber einen Ausgleich mit großem Profit gibt es nicht; trotzdem macht es jeder, immer weiter, und am Ende darf er erst an Regie denken, an Kunst.

Heller
So etwas wie mein Roncalli funktioniert maximal einmal. Man kann nicht sagen, ich mache in sechs Jahren wieder einen Zirkus. Das Jungfrauenhäutchen wächst nicht wieder zu. Was mich als nächstes interessiert, ist eine Art Weltausstellung der Phantasie. Der ideale Zustand ist für mich übrigens keineswegs, glücklich zu sein, sondern der einer unendlichen Sehnsucht nach neuen Wundern.

Syberberg
Verletzt es Sie, wenn Leute sagen, Sie produzieren Sentimentalität oder Kitsch?

28, Versuche eines seligen Dilettanten

Heller
Nein, überhaupt nicht. Sentimentalität produziere ich sicher, immer wieder, und was die Leute unter Kitsch verstehen, ist oft eine Grenzsituation, etwas, das die Menschen unheimlich interessiert, aber ihnen mitunter auch widerlich, zu intim ist. Es trifft auf den Punkt, und um sich nicht mit diesem Gefühl auseinandersetzen zu müssen, um es einfach verdrängen zu können, sagen sie: „das ist alles Kitsch". Aber es ist nicht der Kitsch des Gartenzwerges, sondern das sind Pirañas, das sind Sachen, die blutig machen, und wer will das schon.

Syberberg
Ist es nicht sehr kompliziert, so zu arbeiten, so zu leben, nämlich mit ungeheurem Aufwand an Gefühlen und Begierden ins Zentrum zu kommen? Immer wieder umkreisende Todesnähe – auf der anderen Seite eine Provokationslust?

Heller
Ich konstruiere ja keine Provokationen. In unseren Breiten wird meine Selbstverständlichkeit offenbar als Provokation empfunden, und meine Selbstverständlichkeit, mein Auftrag ist: In einer Zeit der Entindividualisierung, der Gesichtslosigkeit, äußerste, wenn man will anachronistische Individualität, Exzentrik zu leben. Als Rufzeichen in einer Landschaft der Kommas und Bindestriche. Mein Triumph ist bereits die Tatsache meiner bloßen, ungebrochenen Existenz, im Dienste der poetischen Anarchie. Der soziale Sinn meiner Arbeitsergebnisse ist die Zertrümmerung meiner, vielleicht auch fremder, Behaglichkeit, der Aufruf zur Empörung der Tadellosen. Ich kann kein Accessoirelieferant für rechte oder linke schöngeistige Bedürfnisse sein.

Syberberg
Ich meine, eigentlich hauen Sie überall rein, Sie schlagen anderen Leuten ins Gesicht, Sie gehen ins Studio hinein und kriegen danach Studioverbot usw., und trotzdem klatschen die Leute. Beängstigt Sie das nicht?

Heller
Den Applaus darf man nicht überschätzen. Manche klatschen genauso, wie sie bei einem Rhesusaffen klatschen würden, der einen vierfachen Salto beherrscht. Ich bin für sie ein Kunststück, es amüsiert sie. Ob ich über fünfundzwanzig Autos mit einem Motorrad springen würde, oder ob ich dem deutschen Landwirtschaftsminister übers Maul fahre, das ist im Grunde genommen das Gleiche. Ernstzunehmen sind die verschreckten Figuren, denen die Geschichte meiner Lebensangst, die Geschichte meines Zitterns, die Geschichte meiner zugegebenen Feigheit viel bedeutet. Weil sie selbst ständig daran gehindert werden, sich mit den eigenen Gefühlen zu solidarisieren. Das ist eine kleine, aber im Wachsen begriffene, kostbare Gruppe. Die größere selbstverständlich macht mein Unbehagen zu ihrem Behagen.

dem Freunde Franzi Keller
der den Circus so sehr liebt
daß er ~~ihm~~ einen verwirklicht;
also zur Geburt des Circus-Roncalli.

Wien, März 76

Kurt Moldovan

Federzeichnung „Hundedressur“ von Kurt Moldovan

29

OUVERTURE

Meine Herrschaften, willkommen! Willkommen! Willkommen! Hier an der Grenze zwischen Traum und Wirklichkeit. Die Stunde der Verwandlung hat dieses Zelt erreicht. Nichts ist unmöglich, wenn wir es stark genug beschwören! Feuer, Wasser, Erde sind uns untertan.
Der Schrei, die Träne, die Verzückung, das Lachen, die Unvernunft, die Anarchie der Poesie warten auf ihre Erlösung durch unsere Wünsche. Was Sie in den nächsten Stunden nicht erleben sollten, entzieht sich Ihnen, weil Sie nicht daran glauben.
Meine Herrschaften, in wenigen Sekunden, in Bruchteilen von Sekunden ist es soweit: Die Vorstellung des Circus Roncalli beginnt.
Es werde Zirkus.

30,31, Grenzgänger

32, Meine Biggi

VERABSCHIEDUNG

Geht nach Hause und träumet!
Geht nach Hause und seid bestürzt!
Geht nach Hause und lacht!
Geht nach Hause und seid wahrhaftig!

Der Circus Roncalli hat seine Vorstellung beendet. In diesem Zelt.
In Ihrem Kopf, meine Herrschaften, in unseren Köpfen geht die Vorstellung weiter.
Auf Wiederträumen, auf Wiederdenken, auf Wiedersehen!

DOMINIK KELLER
WARUM ANDRÉ HELLER, 1979

Sie sind wahrscheinlich aussterbender Art, heute bedrohter denn je, und darum nötiger denn je: Menschen, die sich eine *eigene* Welt bauen, die sich nicht Normen, Absprachen, Kategorien und Kompromissen angepaßt haben, deren Tun nicht einfach Tätigkeit, sondern Zustand ist. Mit solcher Lebenshaltung will ich mich solidarisieren. Von vornherein, ohne Aber. Denn Verirrungen auf diesem Wege wiegen wenig gegen die Tatsache, daß er gegangen wird!

Als zu dieser Spezies gehörend habe ich André Heller erlebt. Seine Welt allerdings präsentierte sich nicht, wie bei den meisten seiner „Artgenossen", als System mit geschlossenem Energiekreislauf, sondern als ein überwältigender Wirbel einzelner Teile, wie ein unendliches Schloß mit immer neuen Sälen. Folgerichtig: Diese Welt war nicht als Ganzheitsvorstellung zu erfassen, was mich unsicher gemacht hat. Kein Oben, kein Unten, keine Sprossen, keine Pole. Aber ein Mensch, der wie ein Brunnengott Geschichten, Bilder sprudelt, als Gesprochenes oder Geschriebenes, als Zirkus, Filme, Vorstellungen. Ein Mensch – und das passiert mir fast nie –, zu dem ich instinktiv Vertrauen faßte, schon nach den ersten gemeinsamen Schritten durch sein Territorium.

Und dieses ist ein Gebilde, das, wie phantastische Wolkenformationen, wie Feuerwerk oder Fata Morgana den Charakter des Unstabilen, Verletzlichen, sich ständig Wandelnden in sich trägt, das nicht zu greifen, sondern zu *erleben* ist. Sich ausleben, mit der ganzen ihm gegebenen tiefen Intensität, ist, was Heller tut. Immer wieder Grenzbereiche suchen, mit – auch masochistischer – Lust in, durch, mit sich neue Wunder erleben. Solche Regionen öffnen sich nur den Gefährdeten, außerhalb Stehenden, die um den Absturz wissen. Sie sind fragil, entsprechend ist ihre Lebensführung, die ständig mißverstanden und fehlinterpretiert wird.

Hellers Stunden sind die Nacht. Der Tag ist ihm in unseren Breiten zu sehr Verbündeter der Banalität. Nur seine Auf- und Abgänge bedeuten ihm etwas. Ich glaube, vor allem die Stunden zwischen Nacht und Tag, wenn die Dunkelheit sich aufzulösen beginnt, wenn es am kältesten ist, die Straßen am verlassensten sind, Schlaflosigkeit ihn in einen Zustand zwischen den Dingen bringt, er auf dem Nachhauseweg zu seinen heiligen Stätten pilgert: dann ist er am intensivsten auf Entdeckungsreise in seinem inneren Kontinent. Diese Stunden mit ihm waren die kostbarsten, auch wenn oft wenig gesprochen wurde. Es war mehr als Stimmung; Kraftfeld wäre eine mögliche Umschreibung, wenn das Wort nicht so brutal klänge.

33, Heller mit der nahen Verwandtschaft

Dinge sind Heller Umschlagplatz für Handlung. Damit, darin, darüber, darunter geschieht etwas. Nichts ist so, wie es scheinbar ist. Alles ist Kronzeuge, Opfer, Täter zugleich. Es gibt tausend Möglichkeiten. Er mißtraut der Handschrift, dem Markenzeichen, will keine Abzüge einer einmal realisierten Idee. Er ist sich selbst ständiger Spielverderber, immer auf der Flucht vor der Seßhaftigkeit, Sprünge über Gletscherspalten, bestellte Äcker zurücklassen, neue Kreise der Phantasie urbar machen. Solche Menschen geben Mut, wirken als Katalysatoren, zwingen, selbst Fuß auf Neuland zu setzen. Die Resultate ihrer Experimente werden zum Baumaterial für die Häuser anderer.

Heller ist auch ein Zeremonienmeister, ein unablässiger Inszenator, im Kleinen wie im Großen. Ein Erfinder, der mit Elementen aus seinem riesigen Erinnerungslager, mit Wien als unerschöpflichem Kulissenfundus, produziert. Er bettet Augenblicke in ein Flechtwerk von Assoziationen, und diese Momente werden eine Wirklichkeit, erlebbar.

34, Heller als eislaufender No-toreador

35, Heller als Infantin der Buschmänner

36, Heller als assyrische Affenlibelle

HILDE SPIEL
TRÄUMENDER KNABE
aus
„ZU DEN PERSONEN ANDRÉ HELLERS", 1979

Er sei nie und nimmer ein Kind gewesen, beteuert André Heller in seiner jüngsten Sammlung von Bekenntnissen und Visionen, dem Bändchen „Auf und davon". In Wahrheit hat er nie aufgehört und wird nie aufhören, eines zu sein. Das heißt, er hat die Erlebniskraft, den Bilderreichtum, das Staunen über die einfachsten Erscheinungsformen der Wirklichkeit, die man in den frühesten Jahren in sich trägt, nicht verloren. Heller steht unter Poesiezwang, unter Phantasiezwang. Er flieht in die Öffentlichkeit, um sich dieser Last zu entledigen, doch so leicht wird er sie nicht los. Nur zeitweilig leert sich der Seelenbrunnen, aus dem die Menge von Einbildungen, Vorstellungen, Verbalisierungen quillt. So rasch, wie er versiegt, füllt er sich wieder auf . . .

Den Blicken der Umstehenden ausgesetzt, spielt die äußere Person, was die innere in der Tat empfindet. Einmal las Heller, allein mit mir, ein Gedicht von Loris, dem jungen Hofmannsthal. Aus dem Schweigen verfiel er in den Laut. Und begann sofort, zu rezitieren, gewann Distanz, wurde bedeutsam, wurde fremd und feierlich, überdimensioniert wie ein Orchester, das im privaten Raum so brausend aufschwillt wie im Konzertsaal. Hier liegt nichts anderes vor als eine Schizophrenie, wie die obsessive Natur seiner Gedichte ja auch bestätigt. Im Leben ist er ganz Aufrichtigkeit, Zärtlichkeit, Simplizität. Auf der Plattform vor der Kamera, wird er zur Kunstfigur, die echte Münze in Theatergeld verwandelt und eine Existenz, die er als bedrükkend empfindet, in die Irrealität verweist . . .

Es sind hinreichend Ballungen und Verkrampfungen aus seiner schwierigen, verwöhnten Jugend übriggeblieben, um der Dichtung Stoff zu liefern. Doch indem er sie verdichtet, erlangen sie eine neue, lebendige Macht über ihn. Was auf Papier gedruckt wird, ist nun einmal nicht in den Wind gesprochen. Es nimmt eigene Gestalt an, läßt sich nicht mehr aus der Welt schaffen, verliert seine Strahlkraft nicht. Darum ist Heller, dieses sonst so flüchtige Phänomen, nur in seinen Büchern zu fassen und festzumachen. In der „Ernte der Schlaflosigkeit in Wien", wo er bereits den vergeblichen Versuch unternommen hatte, sich von den Traumata der Kindheit zu befreien, wie in dem kleinen, scheinbar volatilen, aber doch so kompakten Büchlein „Auf und davon". Freilich ist er hier nicht ohne Vorväter und Verwandte. Altenberg gehört dazu, ein wenig vom besten Molnár, da und dort Karl Kraus, gewiß auch Schnitzler und Hofmannsthal.

Aber sind all diese Schriftsteller denkbar als Pop- und Blues-Sänger, als Entertainer oder Zirkus-Entrepreneur? Nein, Heller ist ein wahrer Sohn seiner Zeit, so vergangenheitsträchtig er sich auch fühlt und gebärdet. Mit Bob Dylan hat er vermutlich noch mehr gemeinsam als mit dem zarten, frühgereiften Anatol. Und wo seine Bildersprache am blühendsten ist, am üppigsten und farbigsten, da reicht er an Dylan Thomas heran, diesen genialen Waliser, der unter den eigenen verbalen Verzückungen zusammenbrach.

ZIRKUS RONCALLI

Direktor Bernhard Paul präsentiert:

Ein poetisches Spektakel

**Worte, Bilder und Regie:
ANDRÉ HELLER**

Es musiziert das Roncalli-Oktett unter Kapellmeister Henryk Osiak
Kostüme: Hubert Aratym
Kostümwerkstätten: Lambert Hofer jun.
Gewandmeisterin: Bettina Duczek
Licht: David Hersey
Beleuchtungschef: Tim Burnham
Choreographie: Pierre Byland und André Riot-Sarcey
Ton: For Music – Ing. Lausecker
Tonassistent: Chris Laska
Maske: Hetty Schörgmayer
Regieassistenz: Hanno Pöschl
Künstlerische Gesamtorganisation: Biggi Weidinger
Verlag: bilder-, buchstaben- und notenkompanie, Hamburg

Wir Theaterleute holen unser
Publikum in unsere Häuser.
Der Zirkus hat das ganze Volk.

MAX REINHARDT

Geschäftsleitung: Michael Sedivy
Sekretariat: Elisabeth Marek
Produktionsassistent: Heinrich Steiden
Technischer Aufbau: Günther Pahlow
Betriebsleiter und Zeltmeister: Hans Fontner
Platzmeister: Fredi Fontner
Fahr- und Lademeister: Peter Fontner
Kassa: Margareta Alex
Reklame: Vincenzo Scutese
Werkstattleiter: Rudi Kullnig
Betriebsküche: Edgar Parisi
Buffet: Hilde und Alex Fischer
Abendregie: August und Robert Nestelberger
Beleuchter: Kurt Diemer, Michael Hoskowez, Georg Priglinger, Aron
Livrierte: Florian Riemer, Willi Stech, Alexander Kielmannsegg, Robert Pauker, Norbert Schertler, Gottfried Kalkbrenner, Josef Berkmann, Hans Wenzlik
Die Wartung der Toilettenanlagen besorgen die bewährten Hände
von Frau Poldi Mucherl

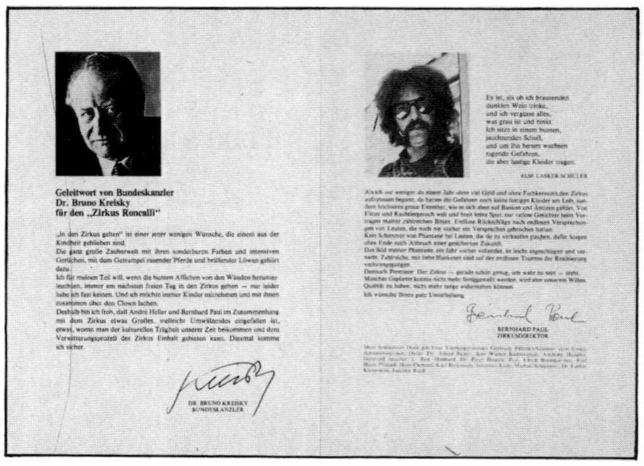
Geleitwort von Bundeskanzler
Dr. Bruno Kreisky
für den „Zirkus Roncalli"

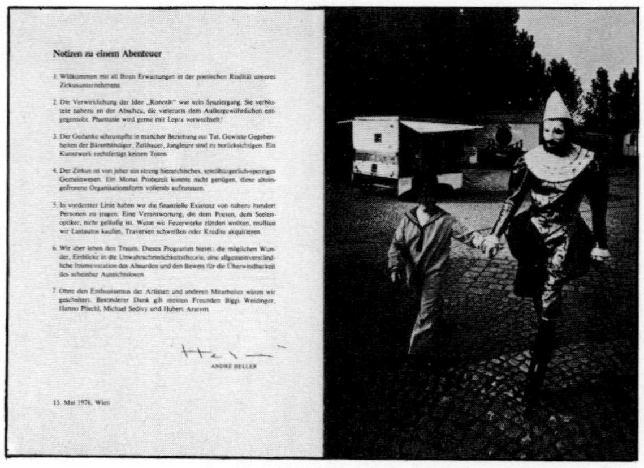
Notizen zu einem Abenteuer

Faksimileabdruck des ersten Roncalliprogrammheftes

37

INTERNATIONAL HERALD TRIBUNE. Mit Roncalli ist der Zirkus wiederauferstanden. Aus der Versenkung ewig im Kreise galoppierender Pferde, aus der Verdrängung durch supertechnische Rekordakrobatik im Fernsehen, aus der Sattheit des Publikums, das Größte und Perfekteste schon gesehen zu haben, ist Roncalli zurückgekehrt zu seiner Mutter der Phantasie, der Gaukelei, dem Wunder.

38, Die Besitzerin des Sternes von Bethlehem

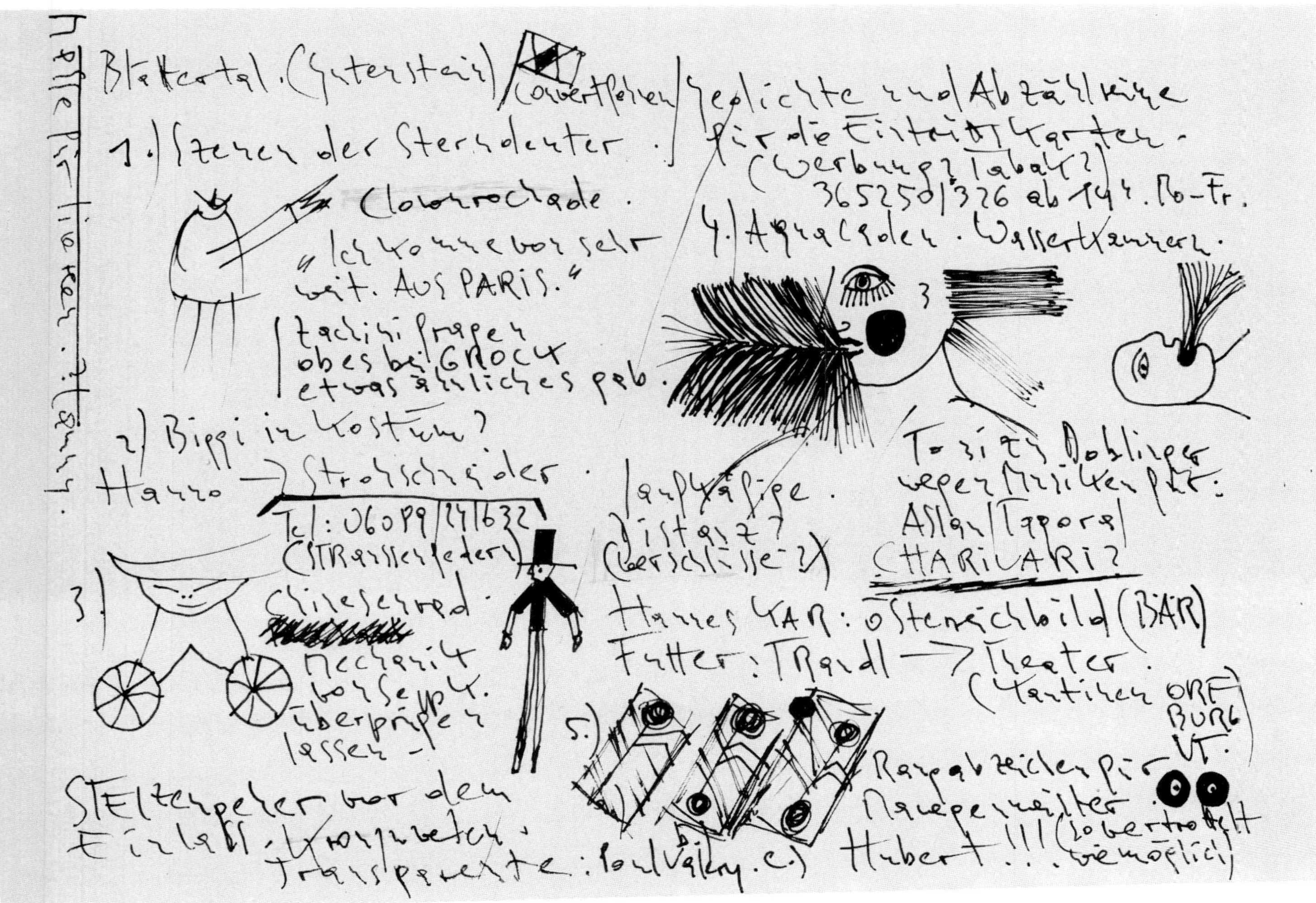

39, Regieskizze von André Heller, 1976

GERHARD EBERSTALLER
VON RONCALLI ZU FLIC FLAC, 1983

Bonn im Mai 1976. Circus Roncalli feiert seine Weltpremiere. Einem gewaltigen Coup de foudre vergleichbar, der mit schon lange nicht gespürter Intensität den Schauplatz Circus erhellt und Wellenbewegungen in Gang setzt, die man noch sehr weit registriert. Ein Begeisterungstaumel bricht sich Bahn, und schüttelt der eine oder andere auch verwundert oder sogar ablehnend den Kopf, er zählt nichts gegenüber der laufend anwachsenden Menge, die sich ganz offensichtlich ein Elysium erwählt hat, eine Stätte der Eudämonie und des euphorischen Andersseins. Roncalli wird quasi über Nacht zu einem Ereignis in der internationalen Kulturszene und wird dann des weiteren in einer kaum noch überschaubaren publizistischen Quantität kommentiert, diskutiert, analysiert. Der tragende Effekt Roncallis, nämlich die Imagination eines Circus der Vergangenheit, läßt ihn zu einem Symbol dessen werden, was man mit Schlagworten wie „Neue Gefühlskultur" und „Neue Innerlichkeit" beschreibt. Als Wunschziel hinter der Nostalgie liegt ja auch nicht die Realität von Vergangenheit, sondern der Gefühlswert, der unserem Empfinden nach dieser Vergangenheit anhaftet. Bevor Roncalli in Bonn zu spielen beginnt und dann nach einigen anderen Stationen in München seinen größten Triumph feiert, ist er schon weithin bekannt, denn immer wieder hat man der Öffentlichkeit über Phasen und Details seiner Genesis berichtet. Einer ungewöhnlichen Genesis, von den ersten Ideen André Hellers und Bernhard Pauls angefangen, bis hin zur Realisierung, über deren Zustandekommen auch immer wieder Skepsis herrscht. Am größten ist sie naturgemäß beim Circus-Establishment, oder akzentuierter gesagt, beim größten Teil dessen, wo man über die Outsider lächelt oder die Achseln zuckt, freilich auch schon geheime Furcht nährt, Roncalli würde vielleicht doch nicht als wunschgeträumte bunte Seifenblase zerplatzen. Das wachsende latente Unbehagen macht sich denn auch sofort in einem Aufschrei Luft, als der Außenseiter einen so sensationellen Erfolg erringt. Die Circusdirektoren, die zudem nur in seltenen Ausnahmefällen die Geschichte ihres Genres wirklich kennen, sind über das Ungewohnte und Neuartige großteils konsterniert, erfassen aber gleichwohl intuitiv die Singularität des Phänomens.

Worin bestand nun diese? Zunächst einmal muß Roncalli im Zusammenhang mit der Theaterszenerie der siebziger Jahre gesehen werden, einer fürwahr aufregenden und fesselnden Epoche, die eigentlich schon Jahre vor 1970 begonnen hat, und im deutschsprachigen Raum mit Namen wie Peter Stein, Claus Peymann, Peter Zadek, Hans Neuenfels oder Hans Hollmann verbunden ist. Eine theatergeschichtliche Zeitspanne, die aus der Lust am Umsturz ihre Vitalität bezogen hat, und die nun allmählich Erschöpfungserscheinungen zeigt, weil viele ihrer Entdeckungen zu Stereotypien geraten sind, viele ihrer Metaphern kaum noch neue Erkenntnisse bringen. Wie sehr und auch warum man sich in dieser Periode entfesselten Theaters der Emblematik der Manegen- und Schaustellerkünste bedient hat, ist hinlänglich geläufig. Während sich nun Guignolade, Circensik, Happening – wieder einmal – auf den etablierten Brettern einnisteten, zog ein Wildwuchs von Theatergruppen auf die Straßen und Plätze und begann sich auf Freilichtpodien und in Circuszelten zu produzieren, als Boom etwa Mitte der siebziger Jahre erkennbar. Alternative Theatermacher fanden sich auf allerlei Umwegen auch als Erben der Jahrmarkt-Spektakel ein, an die sich anknüpfen ließ, indem man Elemente ihrer Ästhetik aufnahm und modifizierte. Ein breites Spektrum der Spielformen – von der Renaissance des mittelalterlichen Mysterienspiels, der Commedia dell'arte oder deren Elementen bis hin zur Foolsbewegung, Animazione etc. – begann sich auszubreiten, mit dem Anspruch, der urtümlichem Volkstheater immer schon immanent gewesen war, als eines in Form der Farce, der Groteske auftretenden, gegen Konventionen und Machtausübung gerichteten Agierens. Es war vorauszusehen, daß in einer so pulsierenden Szene, die sich auch als Reaktion auf die psychologisierende, von der Dominanz des Wortes geprägte Darstellung und als gegen die Autorität des gedruckten Bühnentextes wirkende Tendenz manifestierte, der Circus früher oder später Position beziehen würde.

Im Laufe der späteren fünfziger Jahre verlor der Circus der westlichen Hemisphäre mehr und mehr an Farbigkeit und Ausstrahlung und fügte sich einem Gleichmachungsprozeß. Die Programme begannen einander mehr und mehr zu ähneln, wurden immer schematischer, austauschbarer, was sich in der Bundesrepublik Deutschland vielleicht am deutlichsten zeigte. Die Zeiten, in denen die tonangebenden Unternehmen ein unverwechselbares Profil vorwiesen und jedenfalls auch etliche der Mittelbetriebe ein individuelles Gepräge erkennen ließen, schienen fast der Vergangenheit anzugehören, die denn auch immer wieder träu-

40

41, Heller mit seinem Zwergen- und Liliputanerballett in der Mödlinger Seegrotte, 1972

42, Abschiedsgesten

merisch schwelgend oder elegisch beschworen wurde. Auch die Rolle des Circus im allgemeinen Bewußtsein schien mehr und mehr zu schrumpfen. Sicher, da gab es und gibt es den in seiner erstaunlichen Kreativität nie erlahmenden Schweizer Nationalzirkus Knie und den aus München nicht wegzudenkenden Krone, und da gab und gibt es die großen superben Circusshows in Berlin und Wien. Aber es gab nicht mehr allzuviel, das längerfristig im Gedächtnis blieb, geschweige denn im Zuschauer weiter wirkte.

Es bedarf meist der Distanz, um Tendenzen klar zu erkennen; was ehedem vielleicht als mehr oder weniger einzigartiges Ereignis registriert wurde, gewinnt oft erst in der Rückschau seinen entsprechenden Stellenwert.

Hellers Auseinandersetzungen mit dem Circus und dann später mit dem Varieté haben sich – jedenfalls aus heutiger Sicht – deutlich vorangekündigt, so in seinem Fernsehfilm „Wer war André Heller" (1972), wo ein Liliputanerballett, Feuerfresser und andere gleich seltsame Fabelwesen ein imaginäres Land bevölkerten. So stand André Heller mit am Ausgangspunkt einer Epoche, in der seinen Schöpfungen wenige Jahre danach eine so signifikante Bedeutung zukommen sollte. Und hatte er schließlich nicht selbst in seinem Chanson „ich fordere" (1969) eine exzentrische Varietéwelt postuliert? Daß er das Postulat selbst einlösen würde, daran hat damals wohl kaum jemand gedacht.

Man hat in Roncalli vielfach eine Rückkehr zu einem circensischen Urquell, den die Mechanisierung und Schablonisierung der letzten Jahrzehnte nach Ansicht vieler weitgehend zugeschüttet hatte, gesehen. Das ist vor allem psychologisch richtig, weil Roncalli vom überwiegenden Teil des Publikums im besonderen auch als ein Circus empfunden wurde, wie er „früher einmal" gewesen sein könnte, und zwar auch von jenem Publikum, das an dieses „früher einmal" gar keine Erinnerung haben konnte. Dies ist in fachlicher Hinsicht jedoch nur mit vielen Einschränkungen richtig. Immerhin, da gab es Artisten (wie die Feuerfresser oder die Goldmenschen), deren Genres schon fast vergessen waren, „aussterbende und ausgestorbene Antipoden der Gleichmachergesellschaft", wie sie André Heller nannte, wie sich überhaupt zahlreiche restaurative Elemente anführen ließen. An sich aber stellt sich Roncalli, der in Zusammenhang zur Mythologisierung des Fin de siècle und der zwanziger Jahre gesehen werden muß, als eine völlig originäre Schöpfung

43

Roncalliplakat von Walter Schmögner

dar. Aus den von beiden Gründern mit großer Intuition gefundenen Nummern schuf André Heller mittels seiner Texte, seiner bilderbesessenen Gestaltungskraft und durch seine Regie in Kooperation mit einer Reihe von ihm herbeigerufener Mitarbeiter einen Circus, dessen Akteure sich wie Gestalten der Literatur in die Erinnerung eingruben, Gestalten, die in einem lebten und die man wahrscheinlich nie ganz vergessen können wird. Die Besucher begannen Roncalli als ihren eigenen Circus zu betrachten; in dem Glücksgefühl, das er ihnen vermittelte, liegt letztlich sein Geheimnis begründet.

Erinnern wir uns. Fast wie ein Mysterium begann „Die größte Poesie des Universums", wo Gestalten wie aus dionysischen Urwelten auftauchten, sich zu einem fast irrlichternden Treiben vereinten, wie in einem geträumten Carnevale di Venezia. „Der Engel der möglichen Wunder" figurierte dabei als die Stellvertreterfigur – es war die Begegnung mit sich selbst in archetypischer Verwandlung. Wird doch im Engel immer wieder auch die Projektion menschlicher Wunschträume gesehen. Nun ist ja dem Circus das Element der Traumhaftigkeit innewohnend und zeigt sich in der scheinbar sinnlosen Betätigung der Artisten, die sich in ihrer Allegorik der Deutung auch immer wieder angeboten hat. Die Gewöhnung an diese Metaphorik hat allerdings das Publikum die Vorgänge im Circus emotionell kaum noch im skizzierten Sinne nachvollziehen lassen.

Die singuläre Leistung André Hellers liegt nun darin, daß er diese Traumhaftigkeit dem Publikum wieder bewußt gemacht hat.

Da kam ein chinesischer Zauberer wie aus einem alten, schon abgegriffenen Kinderbuch der Groß- oder sogar Urgroßeltern, das man einst heiß geliebt hat. Schien es nicht so, als ob man diesen Hsing Tao, der ja bewußt ein Märchen-China imaginieren sollte, und zu dem der in die Circusmusik übertragene „Salon zur blauen Pagode" wie eigens dafür komponiert wirkte, schon immer gekannt hatte? Die Bezauberung durch den Magier ist ja an sich ein Urerlebnis: die Überwindung der Materie und der Gesetze der Logik. Große Zauberer waren stets auch Gestalten der Legende, was sich vielleicht noch faszinierender als bei Cagliostro bei dessen Zeitgenossen, dem

44, Monikas täglicher Augenblick der Wahrheit

Grafen von Saint-Germain zeigt, von dem Voltaire sagte, daß er niemals sterben würde. J. P. Rameau erklärte, daß er ihn 1710 in Venedig getroffen hätte, wo er das Aussehen eines Mannes zwischen 40 und 50 gehabt haben soll, aber auch nach 1821 wird von Begegnungen in Paris und Venedig berichtet. Hsing-Tao, der aus geheimnisvollen Krügen, in die man viel Wasser gegossen hatte, Blumen, Hasen und sehr bezaubernde junge Mädchen herausholte, strahlte etwas von diesem Hauch von Unsterblichkeit aus.

45, Dieter Cappus als Atlas der Löwen

Die Feuerfresser im Circus Roncalli, Tagora & Partner, haben wesentlich mit den Anstoß gegeben, daß dieses Genre in zahllosen, circensisch verbrämten Spek-

46, Der Flammenadjutant des Maharadschas von Dschajpur

takeln und auch im Circus selbst Mode geworden ist, ja sich sogar in eine Reihe von Operninszenierungen eingeschlichen hat. Freilich finden sich schon der 1971 entstandenen Kreation „Les derniers jours de solitude de Robinson Crusoe" des Grand Magic Circus zwei „cracheurs de feu" in die Handlung integriert, als Metapher für den in die Einsamkeit ausgesetzten Menschen in der Bewältigung der kosmischen Elemente. Fast gleichzeitig wurde in „Wer war André Heller" ein Feuerzauber eigener Art beschworen. Zwei Feuerspeier zündeten nach und nach das Inventar eines Zimmers an, das schließlich hell brannte, ohne zu verbrennen – eine bizarre Sichtbarmachung gezähmter Urgewalten durch einen Meliès unserer Tage. Als sich nun die Feuerkünstler im Circus Roncalli in Verbindung mit der wundervollen Lichtregie des David Hersey im Finale mit Feuerwolken anspieen, wurde im Zelt die Illusion erzeugt, diese Flammen müßten bis in seine Spitzen, ja darüber hinaus schlagen. Einem begeisterten Publikum seine seelischen Schwingungen in Tönen zu offenbaren, scheint ein ewiger Wunschtraum der Clowns zu sein. Das der Figur

47, Die Konversation der Fremden

des Weißen Clowns immanente Element des Träumerischen (möglicherweise als Relikt der Pierrot-Gestalt) findet in den Sphärenklängen der Singenden Säge seinen vielleicht kongenialsten musikalischen Ausdruck. Arthur Strohschneider hat es mit den Lisztschen Liebesträumen im Roncalli demonstriert, im Verlauf eines Entrées, dessen Beginn mit „Guuuuten Aaaabend" zu einer magischen Be-

48, Der tschechische Delegierte des dritten Parteitages der Flatterhaften

49, Die Adieuparade

50, Der Weißclown Arturo Strohschneider spielt auf der singenden Säge

grüßungsformel der Roncalli-Besucher geriet. Die Liebenswürdigkeit, mit der man im Roncalli die Renaissance alter Clown-Entrées betrieb, erinnerte an Fellinis elegische Hommage an den Circus, „I Clowns“.

Mit Roncalli wurde das Theater wieder in den Circus zurückgeholt, was als durchaus wertfreie Feststellung verstanden werden darf. Die kreative Unruhe, die Roncalli provoziert hat, scheint allerdings die circensische Szene im wesentlichen nur in Oberflächlichkeiten bereichert zu haben. Offenbar sind hier die Fronten schon lange zu starr. Da aber bekanntlich meist voneinander scheinbar unabhängig verwandte Phänomene auftauchen, muß man den Cirque Gruss in Paris erwähnen, der – völlig anders als Roncalli geartet – die Imagination eines Circus der Belle Epoque schafft. Mit Roncalli weist er insoferne eine Parallele auf, als auch er aus der Unzufriedenheit mit der herrschenden Szene geboren wurde und sich ebenfalls durch ein sehr hohes Stilgefühl auszeichnet. Man muß aber auch an den Roncalli II, wenn man ihn so nennen will, erinnern, den nunmehr alleinigen Circus des Bernhard Paul.

„Flic Flac“, das poetische Varieté André Hellers, diese „Wallfahrt zum Allerheiligsten der Phantasie“, wurde 1981 zu einem der ganz großen Erfolge der Wiener Festwochen, und wahrscheinlich zum am breitesten besprochenen Kulturereignis in dieser „verletzten, geplünderten Stadt“ (Heller). Für alle Kulturinteressierten ein Muß und nach den Premierenberichten durch Wochen im voraus ausverkauft, gestaltete sich auch die anschließende, bis Ende 1981 durchgeführte Tournee durch die BRD zu einem Triumphzug ohnegleichen.

Im Unterschied zum Circus lebt das Varieté – von einigen Ausnahmen abgesehen – nur mehr in Rudimenten und nicht als ein aus Einzelqualitäten zusammengeschlossenes Ganzes. Dies soll festgehalten werden, um nicht jenem Varieté der Meinungen zu verfallen, von dem Arthur Moeller-Bruck bereits 1902 in seinem inzwischen längst zum bibliophilen Kuriosum aufgerückten, von nietzscheanischem Dithyrambus inspirierten Werk „Das Varieté“ schreibt. Es wäre durchaus legitim zu behaupten, daß das Varieté niemals wirklich gestorben sei, da es uns in vielen Grundstrukturen in der

51,52,53, Spuckverhandlungen

Palette des heutigen Show-Business begegnet. Im Rahmen der Night-Clubs oder billigster Kommerzunterhaltung ist es weitgehend eine depravierte Angelegenheit geworden. Auch die Pariser Revuen, mit denen sich für viele Menschen mehr oder weniger bestimmte Klischeevorstellungen verbinden, nämlich der Blick auf ein „typisches Stück Paris", haben seit langem jenen Hauch der pulsierenden Verruchtheit verloren (verlieren müssen), der als unabdingbares Ingrediens damit verbunden ist. Es sind erstarrte Abgüsse eines Spektakels von gestern – das erotische Flair ist längst einer braven Biederkeit gewichen.

Und nun kam André Heller mit „Flic Flac" und, so wie einige Jahre vorher beim Circus, konnte man mit Sicherheit erwarten, daß dieses Variété in den Mittelpunkt des kulturellen Geschehens rücken würde. „Wie Savary Theater mit den Mitteln des Varietés macht, mache ich Varieté mit den Mitteln des Theaters", erklärte André Heller und realisierte das, wovon so mancher vordem nur geträumt hatte: das literarische Varieté.

Savarys vor rund 15 Jahren gegründeter „Grand Magic Circus", dessen Ziel kritische Aufklärung in Form von Unterhaltung mit Hilfe vertrauter kultureller Praktiken wie Elementen des Varietés, der Revue und der Pop-Art war und ist, und der sich im besonderen auch gegen die Vereinnahmung des Theaters durch den Text richtet, war ja nun wirklich so etwas wie ein Fanal, wenn man noch dazu bedenkt, daß die große Modewelle der Circus-Theater und Clown-Feste erst um einiges später eingesetzt hat. Wenn in der berühmten Stuttgarter Faust-Inszenierung Claus Peymanns ein Liliputaner die Seele Fausts – symbolisiert durch ein meterlanges himmelblaues Band – rettet und mit diesem Band geschäftig in den Hintergrund saust, ist das sicherlich ein signifikantes Beispiel für die Ausstrahlung des Savary-Circus. Ein Faust, der es ja auch an großen Schauszenen nicht fehlen ließ, wie etwa die Verjüngung Fausts im Schaumbad zwischen Disneyland-Lemuren und die Reise zur klassischen Walpurgisnacht im leuchtenden Luftschiff.

Filme wie „Cabaret" oder Fellinis „Roma" haben wohl auch an die offensichtlich in vielen Menschen schlummernde Sehnsucht des „Come to the

54,55,56,57, Die Roncallisten in München, Juli 1976

58, Das vom Donauwalzer ausgelöste Schlußfeuerwerk beim täglichen Neujahrsfest

59, Der Engel der möglichen Wunder als Marionette

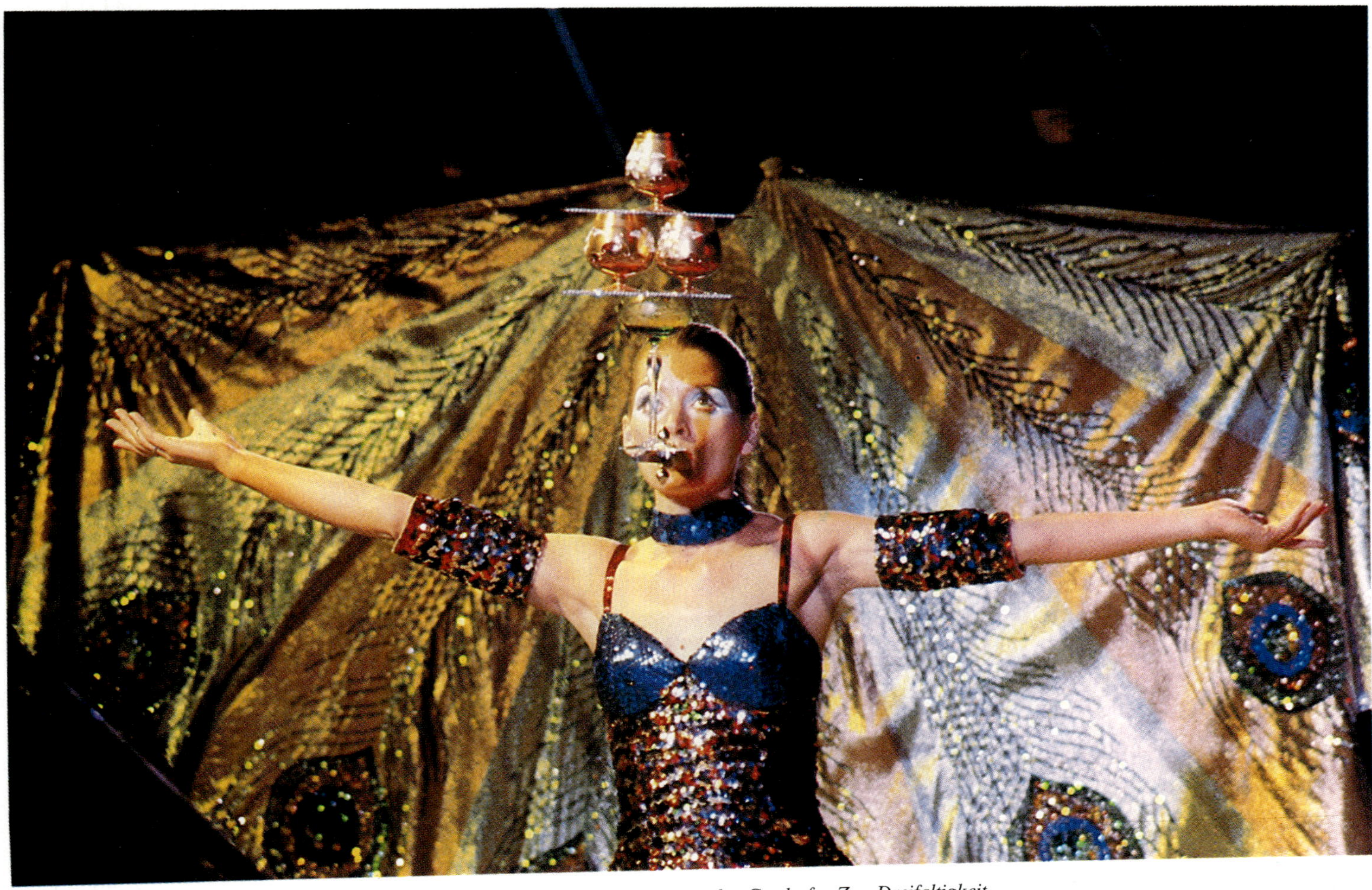

60, Die Säbelbalance der Kellnerin des Gasthofes Zur Dreifaltigkeit

61,62,63,64, Splitter aus der Gegenwelt

Cabaret“ appelliert, und im besonderen wohl auch an eine Theatersprache, die den Unterhaltungsreiz und die Symbiose von Sensibilisierung und Vulgarisierung zu einem wesentlichen Stilprinzip erhob. Die Neuenfels-Inszenierung des Wedekindschen Mysterienspiels „Franziska“ als spektakuläre Collage (Wien 1978, Akademietheater), in der die Brüche, das Unbehagen und die Übersteigerungen der mondänen Ikonographie der zwanziger Jahre verpflichtet sind, sei als Beispiel unter vielen herausgegriffen.

Ein paar Worte zum literarischen Variété. Oscar Schlemmer, auf den sich Heller auch bezieht, war 1936 gebeten worden, für das Corso-Theater in Zürich ein Variété-Programm zu schreiben. Es entstanden mehrere Skizzen, ein Libretto in mehreren Fassungen und ein Bühnenmodell. Der Entwurf erhielt nacheinander die Namen „Blühender Unsinn“ und „Komisches Ballett“ und wurde in der dritten Version schließlich mit „Variété“ bezeichnet. Nach Abschluß der Vorbereitungen hatte das Corso-Theater den Auftrag aus Kostengründen zurückgezogen. Das war wahrscheinlich der am weitesten vorgedrungene Versuch, literarisches Variété zu kreieren. (1977 inszenierte Helfried Foron mit dem Tübinger Zimmertheater das Stück in Manege, oder besser gesagt, gestaltete danach eine Collage, die sich letztlich nur in den Grundstrukturen an Schlemmer orientierte.)

Die Inspirationsquellen von Flic Flac sind sehr vielfältig. Fellinis Œuvre, in dem sich Elemente des Irrationalen und einer fast religiös zu nennenden Mystik mit einer aus einem überaus persönlichen Blickwinkel gesehenen realistischen Beobachtung der Erscheinungen vereinigen (und in dessen Werk bekanntlich der Circus, wie überhaupt Gauklergestalten und Freaks, eine bedeutsame Rolle spielen) bildet eine der Komponenten. Eine weitere liegt im Alt-Wiener Zauberspiel. Dieses in der Theatralik des Barocks wurzelnde Phänomen, das seine Vitalität aus einer innigen Volksverbundenheit bezogen hatte, war im besonderen auch durch eine Lust am Grotesken, die als Hintergrund das Zauberisch-Phantastisch-Allegorische brauchte, gekennzeichnet. Von einem derartigen, durch wuchernde Fülle bestechenden und vom Zwang der „vernünftigen Handlung“ befreiten Theater mußten

Impulse auf das Genre des Traumspieles, auf die theatralischen Versuche der Visualisierung des Unbewußten ausgehen. André Heller hat ja besonders darauf hingewiesen, daß es der hohe Gehalt an Irrationalem, an Traumnähe ist, der ihn so sehr zu den sogenannten Massenpublikumskünsten hinzieht.

Fritz von Herzmanovsky-Orlandos bizarr-manieristische Dichtung hat für manches Pate gestanden (in der Namensgebung der in Flic Flac agierenden Personen hat man sich ja sehr bewußt an die skurrilen und kauzigen Figuren des Austriaken angelehnt). Die nicht ganz versunken, ja in Ansätzen revitalisierte Schaubudenszenerie, dieser Mikrokosmos des Absonderlichen, Extremen, des Traumes und Alptraums, mit ihren als Projektionsauslöser wirkenden Figuren muß als weiteres Element genannt werden. Inspirationsquelle war aber auch das Cabaret der Belle Époque mit seinem zwielichtig schillernden erotischen Flair.

Als Ort des Geschehens bot sich die Secession als optimale Lösung an, wo man eine breitwandige, im Stile eines alten Zaubertheaters gestaltete Bühne errichtet hatte, mit goldenen und bunten japanischen Bildern bemalt und einem großen roten Samtvorhang versehen. Für die Zwischenvorhänge, die an erlesener Schönheit untereinander wetteiferten, zog man eine ganze Garde renommierter Gestalter wie beispielsweise Attersee, Susanne Schmögner, Walter Navratil, oder Hubert Aratym und im besonderen Erté heran.

In seinen Erinnerungen hat Erté über die Erté-Frau der zwanziger und dreißiger Jahre geschrieben: „In meinem Unterbewußtsein hat sich ein Bild gestaltet, das ich hätte verkörpern wollen, wenn ich als Frau geboren worden wäre." Das war die Antwort auf die immer wieder gestellte Frage, wie dieser Frauentyp geschaffen worden sei, in seiner so präzisen, ja bisweilen fast abstrakt zu bezeichnenden Linienführung und seiner so mondän-luxuriösen Opulenz zugleich. In Flic Flac schien es mitunter, als ob der Ertésche Mythos in seiner letztlich symbolischen Undurchschaubarkeit auch in den Agierenden in ihrer graziösen Unbestechlichkeit Gestalt gewonnen hätte.

Kirchenglocken, die Stimme Hans Mosers, ein anfahrender Zug – so beginnt die Wallfahrt, an deren Beginn der italie-

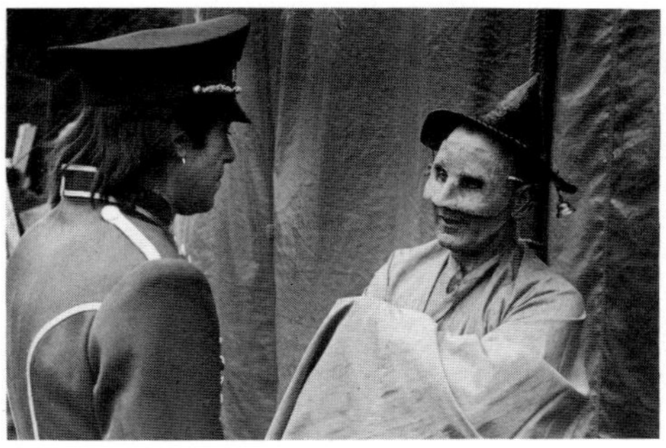

65,66,67,68,69, Splitter aus der Gegenwelt

Roncalliplakat von Jörg Huber

Flic Flac-Plakat von Roland Topor

70, Der Auftritt des Allabenddirektors Drago

nisch sprechende, dem Fellinischen Universum entstiegene Zwerg Lord Drago als Variétédirektor mit dezenter Würde seine Honneurs macht. Arturo Bracchetti, der Verwandlungsreisende als Hellersche Leitfigur, die Vertretung, wie der Roncallische Wunderengel, der blaßschöne Jüngling mit dem Engelsgesicht, erscheint in immer neuen Verkleidungen, tanzt, singt, zaubert, exekutiert Opern-travestie und die seltsame Doppelfigur eines alten Mannes auf dem Rücken einer alten Frau, und scheint überhaupt mit dämonischen Mächten im Bunde zu sein. Santello der Schachtelmensch, der seine langen Gliedmaßen in ein winziges Glaskästchen faltet, hat beim ersten Flic Flac immer wieder eine leichte Bangigkeit im Publikum hervorgerufen, während bei Flic Flac II ein offensichtlich großteils eingeweihtes Auditorium geradezu ein ausgesprochenes Entzücken über das fast unmöglich Scheinende spüren ließ. Nasrin und Nasrine, die Zopfhang-Zwillinge, sind Paradigma für die Exilierung des Körpers in den artistischen Künsten. Ist doch das Haar, das die Rolle des Zudeckens der Nacktheit, aber zugleich die des Abdeckens erfüllt, Fetisch-Objekt, in dem sich – nach Baudelaire – der Mann verliert.

Der befreite Lichtschlucker führt sich auch Schwerter und lebende Goldfische ein, und ihm kommt – wie so vielem in Flic Flac – auch vom Artistischen her Raritätswert zu. Wenn „menschliche Aquarien“ fast vollständig verschwunden sind, hängt dies möglicherweise damit zusammen, daß man auch die Schaustellung als „Moralische Anstalt“ zu werten begann und somit die Nutzbarmachung eines mit absonderlichen Qualitäten ausgestatteten Körpers als maschinenartiges Instrumentarium verurteilte. Zudem wird mit dem Fischschlucker zweifellos eine infantil-animalische Seite beim Zuschauer angesprochen, der den seltsamen Esser bestaunt und eine mit verblüffender Virtuosität vorgeführte Aktion bewundert, die ihrem Wesen nach durch die Erziehung als unschön verboten ist, nämlich Verschlucktes in der Öffentlichkeit wieder auszuspeien. Die menschliche Spinne – die man heute nur mehr aus der artistischen Fachliteratur kennt – erhöht surreale Erscheinung, indem sie den Erzherzog-Johann-Jodler singt. Zu Jonglier-Akten wird im Chor das Kindergedicht vom Mann, der einen Schwamm hatte, rezitiert. Der Schatten über Schatten gebärende Rao tritt auf den Plan, später Carazini, der „Rauchkämmerer“, Meister fast ausgestorbenen Metiers, die wie Geheimkünste anmuten, und deren vollendete Beherrscher das Mysterium des großen Scharlatans umgibt. Die Vergnügungen des Kardinals Hsiang, wo etwa der Dukatenmuskulant Wenzel Anastasius Krk, die Natternäbtissin und allerlei Freaks auftreten, gemahnen an Vorführungen des alten Zaubertheaters, absurd verfremdet, mit einem Touch von Madame Tussaud. Zu den Klängen der süßlichen Toselli-Serenade ertappt der betrogene Ehemann seine Frau mit einem vielköpfigen Monstrum im Chambre séparée. Er erschießt das Monstrum, worauf seine Frau vor unseren Augen verschwindet und nur eine große Stichflamme zurückbleibt. Im Vexierbild der Gletscherimpressionen spukt Valentinscher Geist, ein phantastisch grotesker, ganz einfach herrlich verrückter Einfall, die Krokodile des Karah Khavak nach Gejauchztem und Gejodeltem als seltsame Wunderwesen aus Tirol, als Gletscherkrokodile vorzuführen. Es gibt dazwischen sogar einmal so etwas wie eine „normale" Variéténummer, wie wunderbar steppende Neger à la Lido oder Crazy Horse, und es gibt noch sehr, sehr, viel anderes, bis sich beim Offenbachschen Schluß-Cancan eine große Luftballonschlacht entwickelt.

Das Echo auf die zweite Wallfahrt zur Phantasie, also Flic Flac II, 1982 ebenfalls zu den Wiener Festwochen, aber diesmal im Großen Konzerthaussaal gegeben, war nicht minder stürmisch als beim erstenmal, wenn sich auch vereinzelt Stimmen meldeten, die da meinten, man müsse André Heller eben an André Heller messen, und im Vergleich dazu sei Flic Flac II gegenüber Flic Flac I vielleicht eine Spur zurückgeblieben. Ich glaube nicht, daß dem so ist, aber sicher konnte man bedauern, daß dem gesprochenen Wort nicht mehr die große Bedeutung wie ursprünglich zukam. Dem gegenüber ist die noch größere Dichte, die noch gesteigerte Intensität im Ablauf festzuhalten. So manches wird übernommen, wenn auch teilweise in veränderter Form. Aber werfen wir noch einen Blick auf das Neue, Andere bei Flic Flac II.

In Venedig 1793 löst sich zu den Klängen der Hoffmannschen Barcarole aus allerlei vom venezianischen Karneval inspirierten Gestalten der „Hundertjährige Diabolobräutigam Wong". Was dieser alte, von Zeit zu Zeit leise auflachende Chinese mit zarten Stäben und einem Diabolo vollführt, muß man wohl zur subtilsten, ja esoterischsten artistischen Kammerkunst zählen. Aus einem skurilen Terrarium mit dem leichtfüßigen Flußzwerg Willibald und surrealistisch erhöhtem Disneyland-Getier kommt der Tassentässner King Lung, der zum Schluß sechs Tassen und Untertassen, Löffel und Zucker mit der Fußspitze auf den Kopf befördert, während eine Geige dazu das „Kleine Café in Hernals" spielt. Das vorsprechsüchtige Maskeraden-Opfer Ramella – „Direttore, ich bin viele Menschen" – läßt die Gestalt des Verwandlungskünstlers als nostalgische Reminiszenz wieder entstehen. Die Collage „Wahnsinn, Sinnwahn", in der ein Mann mit dem Känguruh Mutter Gertrud aus Canberra, gefolgt von einer unglücklichen Witwe, über die Bühne rast, erinnert in der rhythmischen Orchestrierung der Sequenzen an René Clairs Entr'acte. Die hinreißende Vitalität der schwarzen Jazzsängerin Thais Clark, wie überhaupt ihre und ihrer Landsleute Showszenen setzen einen sich optimal einfügenden Gegenpol im bizarren Traumszenarium. André Hellers „Fest von mir für

71, Rao der Schattenexzentriker beider Sizilien

72, Die Pfau im Pfaufrau

mich", Visualisierung von Wachträumen, Ich-Mythologisierung als Partitur und als solche dem Œuvre Syberbergs, Robert Wilsons oder Pina Bauschs nicht nur in seiner ästhetischen, ja ästhetisierenden Intensität verwandt, kam – und das ist schon ein Gemeinplatz – einer stark gewordenen Sehnsucht nach dem Wunderlichen gleichermaßen wie dem Wunderbaren, entgegen. Das Variété als Gesamtkunstwerk, als Theater der Totalität, wie es André Heller geschaffen hat, ist – bei allen Affinitäten und Parallelerscheinungen – theatergeschichtlich ohne Beispiel. Ist, genrebezogen vielleicht, wie es sein Schöpfer formuliert hat, „das letzte Atemholen vor der Gleichgültigkeit". Denn hier ging und geht eine Kunstform an ihrer Mäßigkeit zugrunde. „Mäßigkeit wirkt tödlich, nur Übermut tut immer gut", hat Oscar Wilde geschrieben. Flic Flac war aus jenem Übermut geboren.

73, Kurt Kastner, Anette Beaufaÿs, Audra, Ulli Stepan, Frieda Parmeggiani und der tibetanische Adlergreis

DIE ZEIT. Roncalli wie Flic Flac haben einen so großen und so dauernden Erfolg, wie ihn kein Zirkus und kein Varieté seit zwanzig Jahren mehr hatte. Beide halten wohl weniger das Vergangene als das Verlorengehende fest, wollen die Phantasie bewegen und den Sinn für das Phantastische, das Ungewöhnliche, das Undenkbare, das Unnütze provozieren – und siehe an, sie rennen offene Türen ein.

Manfred Sack

HANS JÜRGEN SYBERBERG
aus: WER ODER WAS IST ANDRÉ HELLER, 1979

Sie werfen ihm vor: Arroganz, Raffinesse, Künstlichkeit, Anmaßung, Selbstmitleid, Plagiate, Eitelkeit, Verfolgungswahn, Selbstsucht, Überheblichkeit. Worte, deren Niveau im Alltagsgebrauch eher die Benutzer kennzeichnet, als den damit zu Bezeichnenden. Worte aber auch, die, ernst genommen, auf ihren Ursprung gebracht, den damit Getroffenen eher ehren: An-maßung, Selbst-mitleid, Verfolgungs-wahn, Über-heblichkeit, Hoch-mut, ehrende Worte, wenn sie den stinkenden Atem ihrer Urheber, dieser ungeistigen Provinz, verlieren, der Haßorgien des unverstellten Neids vor der Unantastbarkeit der Verwundungen eines Menschen. Ich kann ihm diese Feinde nur wünschen in meiner Solidarität der uns gemeinsamen Wutkrankheit, der manchmal noch mit letzter Verzweiflung aufgebrachten schönen Trauer des Leidens. Es ist das Produktivwerden der Qualen an sich selbst, Schmerzen der Liebe, die wir uns immer noch leisten und zufügen in diesen berechtigten Schreien des täglichen Aufruhrs, Materialien für das Phantasiehandwerk, rücksichtslose Einladungen in ein noch immer mögliches Reich aus uns selbst. Vielleicht ist er ein verzweifelter Narziß, der weiß, daß er, wenn er die Welt haßt, auch immer sich selbst verliert, und daß dieser Verlust seiner selbst höchste Gefahr anzeigt, auch für die Welt. Weltverlust gleich Ich-Verlust. Liebesgewinn gleich Gegenseitiges an dieser Welt und durch sie gesteigertes Inne- und Produktivwerden in sich selbst?

Weswegen Menschen seiner Art auf verteufelte Weise darauf angewiesen sind, lieben zu müssen, wo sie eigentlich zu hassen oder zu verstummen verdammt sind. Wenn Wahrheit die Form ihrer verschiedenen, auch gegensätzlichen Darstellungen ist, dann ist Heller ein zutiefst wahrhaftiger Mensch. Ein unbeirrter aristokratischer Asket der traurigen Lebensfreude in der tobsüchtigen, todgeweihten Welt unseres konsumdemokratischen Fortschritts.

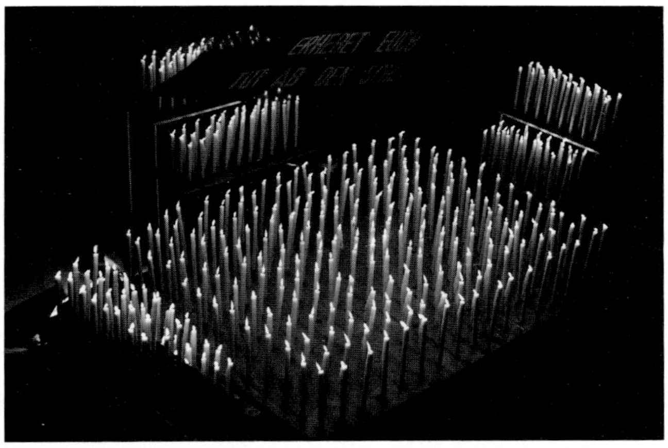

74,75, Das schwebende Gedicht, 1978

Was wird von ihm bleiben? Unbeschreibbares, Flüchtiges, die nichtgeschriebenen Kontobücher eines Lebens als Augenblickskunst? Was wir alle wollen und nicht zustande bringen. Erinnerungen an einen Menschen, der sich selber gerne verstellt, verstellt in Rollen, immer neue, am schönsten die, wenn er die Wahrheit spricht über sich selbst. Der beste Selbstdarsteller, der's zugibt und dem sie's immer nicht glauben wollen hier, wie er spielt und Wahrheit sagt dabei, wenn er spielt, und übelnehmen, wenn Wahrheit kommt als Spiel, als Maske, als Form, ein Ritual der Ambivalenzen, der ungreifbaren. Und Eitelkeiten. Vielleicht ist es deshalb auch, warum ihn so viele hassen, in diesem Land, wo die Dinge und Erkenntnisse immer sicher sein müssen, und darum die Enttäuschungen später jener und ihre Sentimentalitäten über die Niederlagen. Und darum auch gehen deren Worte so schnell über in die Fallbeile ihrer Urteile, wenn sie sagen; zersetzend, krankhaft, dekadent, elitär, wo angebracht wäre: etwas mehr Zweifel und Sensibilität oder Schweigen und manchmal das Lachen. Ein geistiges. Eines seiner liebsten Zitate ist jenes vom Land der Kleinwüchsigen des geistigen Lebens, wo selbst die Zwerge lange Schatten machen in der untergehenden Sonne der Kultur. So ist er selbst zum Ritual geworden, mit den besten Stunden, wenn er gegessen hat und in der Runde der Freunde erzählt.

Geschichten, Flüchtigkeiten, Erinnerungen, schnell formulierte Sätze, Worte, Aphorismen, unhaltbar, ein Kunstwerk als Figur, aus Tradition geworden. Unfaßbar witzig, sensibel, nicht aussprechbar, aber ernst zu nehmen und unnachahmlich für einen Preußen. Für einen preußischer Abkunft eher ein Wunder und stärkster Kontrast, selbst einfältig eher im Alltagsgebrauch, stumpfsinnig auf schnelle Anrufe, ungelenk und schwerblütig mit dünner Haut, aber geeint mit ihm, solidarisch im gleichen Kampf gegen die immer mehr zunehmende allgemeine Fette des selbstgerechten Korruptionsfriedens unserer Konsumdemokraten nach der Beendigung des letzten Krieges. Einer, der versteht, wenn ich sage: unholdes Deutschland, mir war es hold, was ist es nun Euch? Nachdem Ihr es getötet täglich. Wir sind Alliierte. So selbstverständlich eigentlich, und wie selten bei uns. Einer, der den Tod, wie einen alles überschattenden sanften Alptraum, immer mit sich schleppt und ihm, hoffnungslos verfallen, zu entkommen sucht, in einer unruhigen Flucht durch seine elegant-traurige Existenz als Ausdruck der Unsterblichkeit unserer Taten.

ANDRÉ HELLER
ERKLÄRUNG, 1979

Abend für Abend – pünktlich wie ein Protokollchef – zieht Eisregen auf. Ein allgemeiner Wetterwechsel ins Unangenehme, noch Unangenehmere. In meinem Kopf findet er statt, die frierende Stimmung sucht Obdach, und die schönen Worte werden lachhaft wie die schönen Anstrengungen des Tages. Kein Sinn ist mehr in den stattgefundenen Ehrgeizbegründungen, kein Ziel in dem, worauf man zugeht. Nichts als vergeudeter Anfang. Von Beginn zu Beginn Mißverständnis zwischen mir und mir. Was aber vermag uns auszulösen, die wir als Pfand in Händen eines großen Schweigenden verdorren? Die Kunst – das, was wir, ich, du, er, sie, es als Kunst entbinden, hält sich als Idiot für Pausentrotteleien der strengen Herren und Damen vom Feuilletonskameradschaftsbund bereit. Nicht, was ich bin, gibt ihnen Zeugnis für meine Zauberrebellion, nicht das Sich-selbst-in-Stücke-Säbeln (der Löwe und die steile Straße, die Ebene, die Rauchwand vor der Stadt, das Überfliegen vieler Räume, die Bucht – darin ein Meer aus Stacheln brandet), nein – schmerzlicher: Das, was ich ihnen nicht bedeute, läßt sie erzählen, was ich wiege, und läßt sie hören, wieviel ich ihnen schlage. „Genug davon, in den Baracken hat man andere Sorgen" – der, der dies sagt, wird blutig lernen, daß man zahlreiche Sorgen hat, weil man nicht meine teilt, und daß aus mir ein Quell zur Urbarmachung weiter Wüsten springt, und zwar, ob die vermeintlichen Propheten den Fels mit heiligen Stäben schlagen oder nicht. So sehr allein das Handwerk „Gegenwelt" zu leisten, ist eine Gnade, die zu lieben mir sehr schwer fällt. Ich kann nicht weniger, ich kann nicht mehr, und auch der irrt, der meint: Die Zeit heilt alle Wunder.

FLIC FLAC
Ein poetisches Variété, 1981 und 1982

„Alle Ansätze zu Narrenpossen und
Hanswurstiaden sind zu ermutigen und
zu fördern; ebenso die exzentrischen
amerikanischen Darbietungen; ihre
phantastisch-grotesken und erschrek-
kend-dynamischen Effekte; ihre derben,
witzigen Einfälle; ihre ungeheuerliche
Grausamkeit; ihre Westen voller
Geheimnisse und ihre wie der Laderaum
eines Schiffes tiefen Hosen; und
herauskommen wird, zusammen mit
tausend anderen Dingen, das laute
Lachen der Futuristen, das
das Antlitz der Welt verjüngen soll."
FILIPPO MARINETTI

„Wichtig vor allem ist das
Zugeständnis, daß das theatralische Spiel
wie die Pest eine Raserei ist und daß es
ansteckend ist."
ANTONIN ARTAUD

76, Der Tassentässner

77, Der verwunschene Spiegelmensch

78, Die nicht zu haltende Rede

ANDRÉ HELLER
WALLFAHRT ZUM ALLERHEILIGSTEN DER PHANTASIE, 1981

Als Elfjähriger führte ich das bisher einzige Mal Tagebuch. Die erste Notiz darin lautete: „Unter allem, das ich bisher auf der Welt gesehen habe, war nichts so, wie ich es mir wünsche und wie es zu mir paßt." Dieses Gefühl meiner Heimatlosigkeit innerhalb der äußeren Landschaften, meiner Asynchronität innerhalb der Bewegungen um mich und meiner Fremdheit innerhalb der Sentimentalitäten von Familie, Klasse und Religion, verlor ich damals lediglich für wenige, selige Augenblicke bei:

Mozarts „Zauberflöte", Raimunds „Gefesselter Phantasie", Shakespeares „Sommernachtstraum", dem Zirkus Rebernigg, Feigls Praterschau, dem Chinesischen Frühstückszimmer mit dem versenkbaren Tisch im Schloß Schönbrunn, dem Besuch der Don-Kosaken-Reiter am Sportplatz von St. Gilgen, der Triumphprozession der neugegossenen großen Stephansdomglocke Pummerin, Alice im Wunderland, Buster Keatons „General", Harald Kreutzbergs Tänzen, den Wasserkünsten im Salzburger Park von Hellbrunn, dem Ronacher Variété, und dem Absturz einer brennenden Propellermaschine am Kunstflugtag 1956 in Berchtesgaden.

Die schönen Katastrophen, die Equilibristik, die Unwahrscheinlichkeitstheorien, die Zauberakademien und sogenannten Wahnsinnigen blieben mir auch bis heute selbstverständlicher und vertrauter als beispielsweise die liebende Fürsorge meiner Frau Mutter, die gepriesenen Freuden eines Spazierganges durch schneebedeckten Hochwald oder genüßliches Betrachten eines Fußballspiels. Man kann meine Erzieher keinesfalls beschuldigen, nicht alles Menschenmögliche unternommen zu haben, um mich auf dem Weg des Allgemeinen und Unauffälligen zu zwingen. Jahre in strengsten Internaten, Wochen im Karzer, tagelanges Sprechverbot sollten mir die Hingabe an das Phantastische austreiben, und es war weniger die Gnade der Standhaftigkeit als die völlige Unfähigkeit, in einer anderen als meiner organischen Gegenwelt überleben zu können, die mich in der Verweigerung der Banalität beharrlich machte. Unter diesem Gesichtspunkt sind sämtliche meiner Ergebnisse, die gelungenen wie die gescheiterten, zu sehen, wobei es mich immer wieder amüsiert, wie häufig von Gegnern gerade meine gefestigtsten Ansichten als unglaubwürdig angegriffen werden. (Wohl nicht zuletzt deshalb, weil sich die Ordnungsrufer und Normenwächter das tatsächliche Vorhandensein von Offenbarungen, die ich als tiefste Ursache aller mich wahrhaft interessierenden Kunst weiß, nicht einmal vorzustellen im Stande sind.)

Das Variété *Flic Flac* ist die Realisation des zweiten Teiles der Trilogie der möglichen Wunder, deren Beginn das Zirkusspektakel *Roncalli* im Jahre 1976 darstellte, und die in dem einstündigen Feuerwerksstück *Teatro de Fogo* ehebaldigst ihren Abschluß finden soll.

Die poetische Erneuerung dieser alten Massenpublikumskünste interessiert mich unter anderem wegen ihres hohen Gehalts an Irrationalem, an Traumnähe, an unverheimlichter Angst, an prachtvollen Geschmacklosigkeiten und bizarren Hysterien.

Zirkus, Variété und Feuerwerk sind in meiner Forderung Feste zu Ehren unserer Sinnlichkeit, erotische Wallfahrten zum Allerheiligsten der Phantasie.

79, Die geträumte heilige Familie

OSKAR SCHLEMMER aus „MENSCH UND KUNSTFIGUR“, 1927

Das Bestreben, den Menschen aus seiner Gebundenheit zu lösen und seine Bewegungsfreiheit über das natürliche Maß zu steigern, setzte an Stelle des Organismus die mechanische Kunstfigur: Automat und Marionette. Dieser hat Heinrich von Kleist, jener E. T. A. Hoffmann Hymnen gesungen.

Der englische Bühnenreformer Gordon Craig fordert: „Der Schauspieler muß das Theater räumen und seinen Platz wird ein unbelebtes Wesen – wir nennen es Über-Marionette – einnehmen“, und der Russe Brjussow fordert, „die Schauspieler durch Sprungfederpuppen zu ersetzen, in deren jeder ein Grammophon steckt“.

In der Tat gelangt der auf Bild und Umbildung, auf Gestalt und Gestaltung gerichtete Sinn des Bildgestalters der Bühne gegenüber zu solchen Folgerungen. Für die Bühne ist hierbei weniger die paradoxe Ausschließlichkeit als die Bereicherung ihrer Ausdrucksformen von Wert.

Die Möglichkeiten sind außerordentlich angesichts der heutigen Fortschritte in der Technik: die Präzisionsmaschinen, die wissenschaftlichen Apparate aus Glas und Metall, die künstlichen Glieder der Chirurgie, die phantastischen Taucher- und militaristischen Kostüme und so weiter . . .

Infolgedessen sind auch die Gestaltungsmöglichkeiten nach der metaphysischen Seite hin außerordentlich.

Die Kunstfigur erlaubt jegliche Bewegung, jegliche Lage in beliebiger Zeitdauer, sie erlaubt – ein bildkünstlerisches Mittel aus Zeiten bester Kunst – die verschiedenartigen Größenverhältnisse der Figuren: Bedeutende groß, Unbedeutende klein.

Ein ähnliches, sehr gewichtiges Phänomen bedeutet das In-Beziehung-Setzen des natürlichen „nackten“ Menschen zur abstrakten Figur, die beide aus dieser Gegenüberstellung eine Steigerung der Besonderheit ihres Wesens erfahren. Dem Übersinnlichen wie dem Unsinn, dem Pathetischen wie dem Komischen eröffnen sich ungekannte Perspektiven.

Vorläufer sind, im Pathetischen, die durch Maske, Kothurn und Stelzen monumentalisierten Sprecher der antiken Tragödie, im Komischen die Riesenfiguren von Karneval und Jahrmarkt. Wunderfiguren dieser Art, Personifikationen höchster Vorstellungen und Begriffe, ausgeführt in edelstem Material, werden auch einem neuen Glauben wertvolles Sinnbild zu sein vermögen. In dieser Perspektive kann es sogar sein, daß das Verhältnis sich umkehrt: dann ist vom Bildgestalter das optische Phänomen gegeben, und gesucht ist der Dichter der Wort- und Tonideen, der ihnen die adäquate Sprache leiht.

Sonach bleibt – Idee, Stil und Technik entsprechend – zu schaffen:
das abstrakt-formale und farbige Theater
das statisch-dynamische und tektonische Theater
das mechanische, automatische und elektrische Theater
das gymnastische, akrobatische und equilibristische Theater
das komische, groteske und burleske Theater
das seriöse, pathetische und monumentale Theater
das politische, philosophische und metaphysische Theater

Utopie? – Es bleibt in der Tat verwunderlich, wie wenig bis heute nach dieser Seite verwirklicht wurde. Die materialistisch-praktische Zeit hat in Wahrheit den echten Sinn für das Spiel und das Wunder verloren. Der Nützlichkeitssinn ist auf dem besten Weg, sie zu töten. Voll Erstaunen über die sich überstürzenden technischen Ereignisse, nimmt sie diese Wunder des Zwecks als schon vollendete Kunstgestalt, während sie tatsächlich nur die Voraussetzungen zu ihrer Bildung sind. „Kunst ist zwecklos“, insofern die imaginären Bedürfnisse des Seelischen zwecklos zu nennen sind. In dieser Zeit zerfallender Religionen, die das Erhabene tötet, und zerfallender Volksgemeinschaft, die das Spiel nur drastisch-erotisch oder artistisch-outriert zu genießen vermag, erhalten alle tiefen künstlerischen Tendenzen den Charakter der Ausschließlichkeit und des Sektenhaften.

So bleiben dem Bildner heute der Bühne gegenüber diese drei Möglichkeiten! Entweder er sucht die Verwirklichung innerhalb Gegebenem. Dies bedeutet die Mitarbeit an der bestehenden Form der Bühne; es sind die „Inszenierungen“, in denen er sich in den Dienst von Dichter und Schauspieler stellt, um deren Werk die entsprechende optische Form zu geben. Ein Glücksfall, wenn sich seine Intentionen mit denen des Dichters decken.

Oder er sucht die Verwirklichung unter größtmöglicher Freiheit. Diese besteht für ihn auf den Gebieten der Bühne, die vornehmlich Schau sind, wo Dichter und Schauspieler zurücktreten zugunsten des Optischen oder durch dieses erst wirksam werden: Ballett, Pantomime, Artistik.

Schlemmer-Zeichnung zum Triadischen Ballett

80, Der Abgesandte Oskar Schlemmers

81, Die Kontorsionistin und der beinahe ebenbürtige Arnulf Rainer, von letzterem übermalt

FRIEDERIKE MAYRÖCKER
VARIÉTÉ: SPIEL-ART: OBSZÖNES GAS, 1981

sehr gnadenlos gnadenlos („ondulieren") – ich höre einen geradlinigen dennoch zirpenden Ton, gehe ihm mitten in der Nacht durch alle Zimmer nach, hatte ich das Radio auszuschalten vergessen, oder den Plattenspieler, den Fernseher . . . im Ohr ein unbekannter Summton von ungewöhnlicher Frequenz –

du sollst zu ihm, von der Lippensuche und -gnade . . . für das Spoerri-Theater! die Rinde des Baumes (Borke) gafft mich an, ich hatte ihn zu den Bädern geführt zum spiegelnden Wasser, immer engere Ringe, Linsen, ovale Hautfurchen, Daumenabdruck auf unebener Ackerfläche, ich hatte dann linsenlos in den heiteren Morgen hineingeschlummert – rosagrau: die veränderten Lichtverhältnisse! verwirrten, verstörten, erregten mich, ich schlug in meinem Bett von der einen zur anderen Seite immer hin und her ohne Ruhe, ohne Schlaf zu finden, fischte mir dann einen Mond, eine Sonne (gestanzt!), wegen der geringen Verschiebung der Zeit nach vorne –

großer gehöhlter gußeiserner Fisch, möbliert mit (wie) bleigegossenem Blumengesteck, graue Zwerge Gerätschaften als Einrichtung, ein Tumult – die Sehnsucht, die Melancholie, und Metzgerei – wie geht das zusammen?

Ländler, Luken, scharmützeliges Auge, so linst er herüber zu mir, schelmisch, bißchen unverständlich auch, undurchschaubar, ich werde unsicher . . . beginne törichte Dinge zu reden, ich frage was ist? er murmelt Unverständliches, ich sage du kennst mich eben nicht, er sagt ich will dich gar nicht kennen *nur sehen wie du spielst*

schmissige Gedanken, schärfer als Waidmesser Schilfharfe . . . als Kind habe ich einmal Weihwasser getrunken . . . auf dem Sofa liegend, erschöpft sieht er mich schweigend an als ob er prüfen wolle ob ich *im Stande sei ihm zuzuhören,* aber er redet nicht –

ich blicke, einen Augenblick nach dem Erwachen, auf dem Rücken liegend, zum Fenster hinaus, in ein lebhaftes Rosa: als läge ich auf dem Grunde des Meeres denn über mir, im Morgenhimmel zieht ein riesiger grauer Fisch mit ausgespannten Flossen (Flügeln?) vorüber, sodaß ich seine graue, rissige Unterseite sehen kann, und dröhnt wie eine Flugmaschine . . . eben völlig andere, *ergreifende Lichtverhältnisse,* rufe ich, wir haben ja die Uhr um eine Stunde vorausgestellt! – zum Waschen der Hände bevorzugt er eine dunkelbraune Speikseife, Lilien? frage ich, nein lieber nicht – und aufgebracht: hast mich wie einen Hund behandelt beim letzten Mal!: („ . . . will man mich wie ein Tier behandeln?" M. Leiris), und später milder: wenn du Lust hast kannst du mir schon wieder einmal Blumen mitbringen . . .

jemand wartet lange auf uns in einer schwarzen Samtpelerine, wir fühlen uns einem seltsamen Taumel ausgeliefert, ich sehe zwei schneeweiße Taschentücher auf dem Parkett liegen, ohne mich danach zu bücken, ich übersehe sie, einige mir nahestehende Personen kommen auf mich zu, ich bin gespalten, gespannt, qualvoll unsicher, alles zerstreut mich, ich kneife die Knie zusammen, er blättert in seinem Terminkalender und nennt einer uns gegenüberstehenden jungen eher unhübschen Frau einen Abend an welchem er ohne meine Begleitung ein Konzert besuchen will, als wollte er ihr seinen Hausschlüssel in den Schoß legen, ein zusätzlicher Liebreiz vielleicht, weiht er mich ein, diese Zähne, diese struppige Tracht, Haarschopf etcetera.

Nachforschungen im Morgengrauen, die aufgekratzte Stelle am Schlüsselbein, hohe Taille (kreolisch?) Trauer-Kappe, zusammengeklumpte Wolken im Fenster/Gegenstück, das feuchte klumpige Kissen, das graue Bettuch, wir unterhalten uns liegend über Geruchsfetischismus, linkshändig (die Länge und Breite), ein Genrebild, Versuchung, Verführung, Verwehung, die letzte Farbe – plötzlich, nach der fünften Französisch-Stunde sage ich IL statt LE, *commedia dell'arte!*

82, Ein Patriot

83, Gigers unverzinste Guthaben

84, Der Topornebenbuhler

ERSTE WORTE DES VERWANDLUNGSREISENDEN

Und jetzt und jetzt und jetzt:
der Beginn der Ereignisse!
Denn oben ist unten und Norden ist Süden.
Und Himmel und Hölle sind verflochten,
wie die Zopfhaare des großen Mandarins.
Ein Schrei ist Stille
und die Gesetze der Logik ein Dreck.
Verwandlungsreisende sind wir,
Rebellen des Traumes
in dieser verletzten, geplünderten Stadt.
Euer verratenes Eigentum
bringen wir zurück:
die Bilder der Herrlichkeit und des Abschaums,
die Bewegungen der Magier und Schattenmeister,
die Musik der gefürsteten Schnurpfeifer,
die Dramolette des leuchtenden Jammers,
die Losungsworte verwunschener Spiegelmenschen,
die Lachakrobatik.
Und jetzt und jetzt und jetzt:
die Grammatik der Wunder!

85, Resi, die Braut der Erinnerung

86, Falsche Nonnen und Kerzelweiber

WIENER ZEITUNG. Wo nimmt man bloß all die Superlative her, um diese Show der absoluten Superlative auch nur halbwegs adäquat zu schildern? Der kategorische Imperativ für die nächsten vier Wochen jedenfalls kann nur lauten: Auf in die Secession! Das „Hereinspaziert" wird zur Maxime der Pflicht, André Heller hat weiß Gott nicht zuviel versprochen, im Gegenteil: „Flic Flac", sein poetisches Varieté, entpuppt sich als die Festwochensensation schlechthin, eine Attraktion ohne Beispiel, dergleichen hat man in Wien überhaupt noch nicht gesehen, noch niemals ist eine Festwochensubvention sinnvoller investiert worden, nämlich zur ungetrübten, puren Freude der Leute an einer rundum perfekten Sache. Alle Realien, wie Logik oder Schwerkraft, sind aufgehoben, manchmal sogar der Raum, und die Zeit wird dermaßen beschleunigt, daß zweieinhalb Stunden buchstäblich im Fluge vergehen, denn hier werden Wunder wahr, hier werden Träume erfüllt, hier werden alle, auch die allerkühnsten Erwartungen aufs Triumphalste übertroffen, Poesie und Phantasie haben ihre Herrschaft angetreten. Varieté, diese schon ganz verkümmert geglaubte Gattung, gibt vitalste, verblüffendste, grandioseste Lebenszeichen von sich, Musik und Farben sind ein einziger Rausch, dazu mit hochkünstlerischem Anspruch, die Mitwirkenden sind lauter buntgewürfelte Zauberwesen. Es ist ein einmaliges, einziges, einzigartiges, wunderlich-wundersam-wunderbar-wundervolles Vergnügen, dieses „Flic Flac". Wer das nicht gesehen hat, hat umsonst gelebt.

Rudolf U. Klaus

FRANKFURTER ALLGEMEINE. Was „Flic Flac" nicht nur zum anspruchsvollsten Spektakel dieser Art, sondern darüber hinaus zu einem Spektakel sui generis macht, sind nicht so sehr Hellers lyrische Verbrämungen, ist vielmehr sein Spaß am komischen Kontrast. Wenn in einem Schauerbild à la Max Ernst – der hier häufig visuell zitiert wird – der Kopf einer Kreuzspinne plötzlich in den Erzherzog-Johann-Jodler ausbricht, wird heitere Befreiung erreicht. Und wenn Tiroler Schuhplattler sich mit einem Mal als schwarze Herrschaften entpuppen, die wild zu rocken beginnen, wenn dann andere Lederbehoste immer größere Krokodile anschleppen, die der ersten Sitzreihe bedenklich nahe rücken, wird Amüsement zu der von Heller geforderten „unverheimlichten Angst".

Hilde Spiel

FRANKFURTER RUNDSCHAU. Die „Flic-Flac"-Stunden zwischen neun und fast Mitternacht sind freilich auch „für sich" erlebbar als eine entfesselte Schau menschlicher und fast schon nicht mehr menschlicher Talente und Übungen. Zwar deutlich, aber nicht aufdringlich sind die artistischen Darbietungen eingebettet in eine „message", mit der der Poet André Heller das harte Gauklerhandwerk nobilitiert und transzendiert zum Ausdruck extremer und besonderer Fähigkeiten, die in „uns allen" schlummern und nur geweckt und entfaltet werden müssen. Ausbruch aus Normalität und Uniformismus, Grenzüberschreitung: die Verführung dazu nicht nur mittels Poesie, sondern auch durch das Beispiel exzentrischer Artistik. Daß die vorgeführten Kunststücke nicht Ergebnis spielerischer Leichtigkeit sind, sondern zumeist Resultate eines spezialisierten, strengen, auch schmerzhaften Trainings, – diese Erwägung tritt zurück gegenüber dem Anschein der phantastischen Möglichkeit des Unmöglichen; in der Summe suggerieren die vorgeführten Nummern so etwas wie die Befreiung von gesellschaftlichen und natürlichen Fesseln, die Loslösung der Körper von ihren „normalen" Verrichtungen.

Hans-Klaus Jungheinrich

STERN. „Flic Flac" lädt zu einem Abend der phantastischen Verschwendung, bei dem es in einem Farb- und Lichttaumel all das gibt, was es nicht geben kann: den Mann, der nach dem Nachtmahl einer Neonröhre in seinem Bauch das Licht anknipst. Den Verwandlungsreisenden Arturo, der sich freischwebend vom Boden der Tatsachen und Bühnenbretter erhebt, wobei aus seinen Handflächen Springbrunnen aufsteigen. Daneben eine Dame, die mit einem Lächeln bei lebendigem Leib in Flammen steht. Dazu „Bilder der Herrlichkeit und des Abschaums": Mörder und Engel, Zwerge und Zauberer, Schattenspieler, dressierte Gletscherkrokodile, und die Ertrunkenen der „Titanic" wanken auch vorbei. Die Botschaft ans Publikum hat der Verwandlungsreisende Arturo, die Stimme seines Herrn Heller, gleich zu Anfang ausgegeben: „Denn nichts ist so, wie es scheint . . . und die Gesetze der Logik ein Dreck."

Paula Almquist

DIE PRESSE. Es ist ja nicht ganz so selbstverständlich – für ein paar Abendstunden erreicht Wien Weltstadtniveau. In einer Kunstform, die wir kaum mehr kennen: André Hellers poetisches Varieté „Flic-Flac" eroberte in der Secession sein Publikum im Triumph. Ein Phantasiewerk von bizarrer Ästhetik, mit feinem Witz und Poesie, prächtiger Artistik, mit Bildern zum Staunen und Gruseln, mit Menschen, die die Gesetze der Logik auf den Kopf zu stellen scheinen und dem Phantastischen, Irrationalen Spielraum geben. Die vielen „Wunder", die André Heller beschwört, verzaubern, man beginnt zu spielen, zu träumen, zu glauben.

Karin Kathrein

DER SPIEGEL. Flic Flac ist wahrhaftig ein „Ort der möglichen Wunder", eine magische, irrlichternde Freak-Revue, ausgeführt von Spitzenprofis ihres Hand- und Fußwerks; durchschossen und zusammengehalten von den ideologischen Lamettafäden des Wort-Kaskadeurs André Heller.

Fritz Rummler

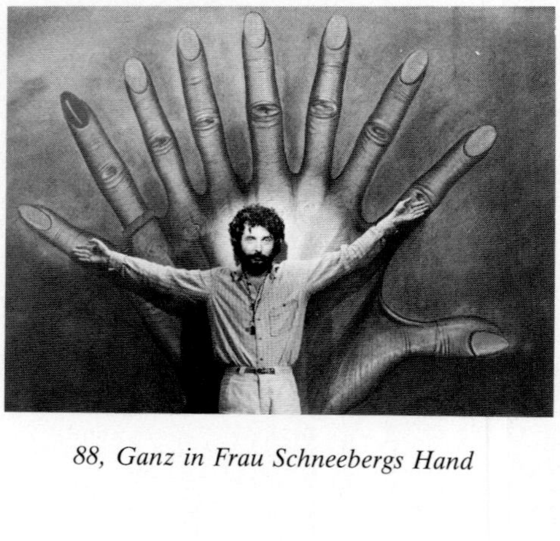

88, Ganz in Frau Schneebergs Hand

87

DIE MAHNUNG DES WISSENDEN

„Und über allem
das Blutgerüst der Liebe.
Die Cherubine und Serafine
der unaussprechlichen
Leidenschaften und Qualen.
Die tödlichen Stürze,
die Abgründe der Seele
und der Haß,
die Wollust,
das Jauchzen,
die Verleumdung,
die Niedertracht,
Labyrinthe der Täuschung –
für nichts,
als die Hoffnung auf einen
Augenblick der Seligkeit."

89, Die Hüte des Kopflosen

JAKOV LIND
DIE SCHAUBÜHNE, AUF DER ALLES FANTASTISCHE WAHR WIRD, NEW YORK 1982

Vom Goethehof, gleich beim Gänsehäufel, zur Staudingergasse im zwanzigsten Bezirk war es zirka eine Stunde mit der Straßenbahn. Umsteigen am Tegetthofdenkmal. Am Heimweg stieg ich am Praterstern aus und ging die Ausstellungsstraße hinunter. Man brauchte gar nicht erst zum Riesenrad und in den wirklichen Prater gehen. Was die Welt so zu bieten hatte an Freude, an Aufregung, an Geheimnis, an wunderbaren Dingen kurzum, sah man zwischen Eisenbahnbrücke und Riesenrad. Die dicke Berta und die dicke Mitzi (jede wog 350 Kilo und sie saßen [jede] auf zwei Sesseln, und nur die Buben über 18 durften ihnen in den Busen schauen, ob er echt oder falsch sei), nebenan gabs die Liliputstadt, und dann kamen die Wahrsager und die Tiroler und noch zehn andere Schaubuden. Auf der linken Straßenseite sah man vielleicht noch mehr. Zersägte Damen, zweiköpfige Herren im Smoking, den Roboter mit ausgestreckten Armen und verglasten Augen. Zwanzig Minuten lang ohne mit der Wimper zu zucken! Nebenan gab es mißgebildete Embryos im Wasserglas und Fotos von Kindern, die ohne Arme und Beine zur Welt gekommen waren. Kurzum, es gab auf dem Heimweg sehr viel zu sehen.

Und da Zeit keine Wirklichkeit, sondern eine Vorstellung des eigenen Hirns ist, sah ich vorigen Sommer in Wien bei André Heller in der Secession nach vierzig Jahren wieder was ich längst begraben glaubte. Flic Flac – so hieß mein Prater – die Schaubühne, auf der alles Fantastische wahr wird, ist wieder auferstanden in ihrer ganzen Herrlichkeit. Eine fabelhafte Leistung, einfach wunderbar. Nur leider weit weg von hier und nicht mehr auf meinem Heimweg.

90, Die mechanischen Männer und der Dukatenmuskulant

91, Die Entlarvung der Betrügerin auf Grund ihrer Lieblingsmelodie

92, Der poetische Ankläger

93, Die poetische Anklägerin

94, Der epileptische Parasit huldigt mit seinem Goldbärchen Schneewittchen im Schatten der Sphinx

LASZLO MOHOLY-NAGY aus „DAS THEATER DER TOTALITÄT", 1925

Die bildenden Künste haben die reinen Mittel ihrer Gestaltung, die primären Farben-, Massen-, Material- usw. Beziehungen gefunden. Aber wie lassen sich menschliche Bewegungs- und Gedankenfolgen in den Zusammenhang von beherrschten, „absoluten" Ton-, Licht- (Farbe), Form- und Bewegungselementen gleichwertig einordnen? Man kann dem neuen Theatergestalter in dieser Hinsicht nur summarische Vorschläge machen.

Die zukünftige Literatur wird – unabhängig von dem Musikalisch-Akustischen – zuerst nur ihren primären Mitteln eigene (assoziativ weitverzweigte) „Klänge" gestalten. Dies wird sicherlich auch einen Einfluß auf die Wort- und Gedankengestaltung der Bühne ausüben. – Das bedeutet unter anderem, daß die bisher in den Mittelpunkt der sogenannten „Kammerspiele" gestellten Phänomene unterbewußten Seelenlebens oder phantastischer und realer Träume kein Übergewicht mehr haben dürfen. Und wenn auch die Konflikte heutiger sozialer Gliederung, weltumspannender technischer Organisation, pazifistisch-utopischer und anderweitig revolutionärer Bestrebungen in der Bühnengestaltung Raum haben können, werden sie nur in einer Übergangsperiode Bedeutung gewinnen, da ihre zentrale Behandlung eigentlich der Literatur, Politik und Philosophie zukommt.

Als Gesamtbühnenaktion vorstellbar ist ein großer, dynamisch-rhythmischer Gestaltungsvorgang, welcher die größten miteinander zusammenprallenden Massen (Häufung) von Mitteln – Spannungen von Qualität und Quantität – in elementar gedrängter Form zusammenfaßt. Dabei kämen als gleichzeitig durchdringender Kontrast Beziehungsgestaltungen von geringerem Eigenwert in Betracht (komisch-tragisch; groteskernst; kleinlich-monumental; wiedererstehende Wasserkünste; akustische und andere Späße usw.). Der heutige Zirkus, die Operette, Varieté, amerikanische und andere Clownerie (Chaplin, Fratellini) haben in dieser Hinsicht und in der Ausschaltung des Subjektiven – wenn auch noch naiv, äußerlich – Bestes geleistet, und es wäre oberflächlich, die großen Schaustellungen und Aktionen dieser Gattung mit dem Worte „Kitsch" abzutun. Es ist gut, ein für allemal festzustellen, daß die so verachtete Masse – trotz ihrer „akademischen Rückständigkeit" – oft die gesundesten Instinkte und Wünsche äußert. Unsere Aufgabe bleibt immer das schöpferische Erfassen der wahren und nicht der vorgestellten (scheinbaren) Bedürfnisse.

Menschenmechanik von Moholy-Nagy

95, *Der zerrissene Radetzkymarschierer*

96, Der Infant verläßt die Schamhöhle der Vierfachfigur in der zweiten Verwandlung

97, Der verstorbene ungarische Dichter gleitet unter Führung eines Känguruhs zum Abendstern

98, Die elongierte Vierfachfigur in ihrer ersten Verwandlung

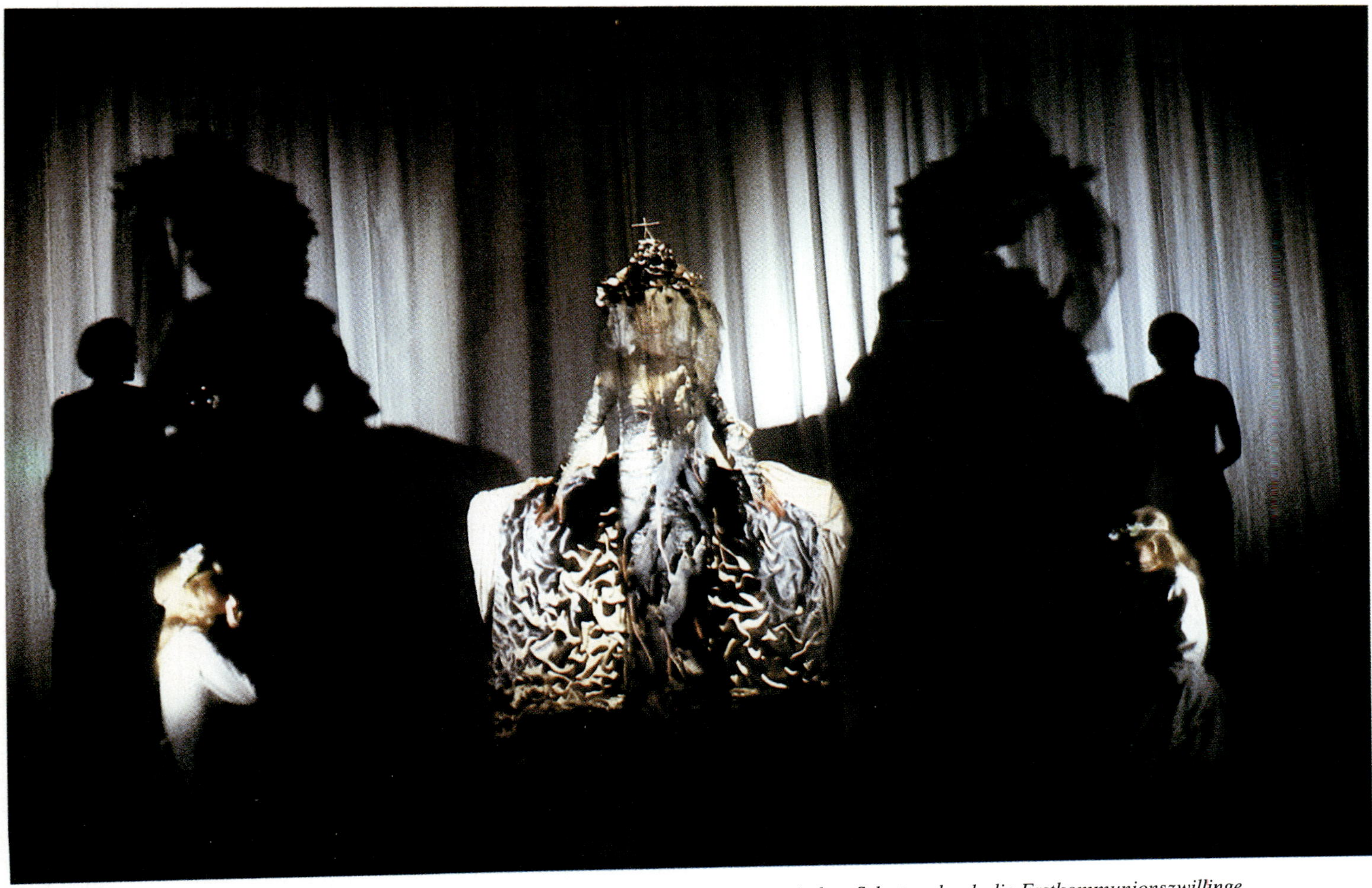

99, Die Rattenverwandlung der Vierfachfigur und die Anbetung der symmetrischen Schatten durch die Erstkommunionszwillinge

DIE REDE AN DIE LETZTEN ÜBERLEBENDEN DER TITANIC

Was aber ist unsere tiefste Hoffnung?!
Was aber ist unser Wollen von Anbeginn?!
Inmitten von Wundern selbst ein Wunder zu sein!
Hier und heute und jetzt und du und du und wir,
meine Zuhörer! Und keiner gleicht dem andern.
Wir bitten um Wunder!
Das Wunder fliegen zu können,
das Wunder unsichtbar zu sein,
das Wunder Schönheit,
das Wunder lieben zu können,
das Wunder Erbarmen,
das Wunder Demut,
das Wunder immerwährender Wunder.

100, Die Prozessionsflagellantin B.

DAS SELBSTGESPRÄCH DES VERWANDLUNGSREISENDEN

Die Generäle der Banalität,
die Missionare des Alltäglichen,
fürchten und bekämpfen das Phantastische,
weil es unberechenbar ist,
weil es die Menschen wach macht und zu Reisenden.
Unterwegs zu Ozeanen des Widerspruchs,
Gebirgen des Aufruhrs, Vegetationen der Sinnlichkeit.
Das Phantastische ist das Gegenteil der Uniformität,
das Gegenteil des Staates,
das Gegenteil der Kirche,
das Gegenteil des sicheren Erfolges,
das Gegenteil der Direktion,
das Gegenteil der Fabrikation.
Es ist: Die heilige Unvernunft,
die Macht, die Pracht und
die Herrlichkeit des Sich-nicht-Fügens!

101, Der General Angst

102, Die Versuchung des Kardinals Hsiang

103, Die Natternäbtissin

104, Die guten Werke

TRAUMRAUMINSCHRIFT

Die prächtige Schande der Träume. Und nach dem Erwachen schweigst du darüber. Ängstlich verdrängend das Ungeheure. Das ungeheure Ungeheuer. Das Betteln um Zärtlichkeit. Den Untergang deines Herzens. Die äußerste Schamlosigkeit. Die innerste Trauer. Das Tier im Sprung, das deinen Namen trägt. Und jetzt ein Falke, und jetzt Geliebter des Zaren, und jetzt ein Töter und jetzt getöteter Töter. Und siehe, das Mädchen auf Blüten schreitend in der Fronleichnamsprozession, auch sie trägt deinen Namen, ist Traum aus deinem Traum. Und jene Wut, Sanftmütiger, ist deine Wut. Und jenes Verzeihen, Hasser, ist dein Verzeihen. Und du erwachst und schweigst, ängstlich verdrängend: die prächtige Schande der Träume.

105, Die unerwartete Mutation des Matterhorns in einen Vulkan

106, Die Gletscherkrokodile beenden die schönen Aussichten eines Tirolers

107, Der hundertjährige Diabolobräutigam Wong vor dem schlafenden venezianischen Dogen und dem Priester von Syrakus

108, Kitakumba M'Bella

109, Der Engel Ungeduld

ERNST HERHAUS
aus:
VOM MUT, SCHIZOPHREN
ZU LEBEN, 1983

„Die Welt wird Traum,
der Traum wird Welt."
Novalis

In seinem packend erzählten Buch „Väter, Könige, Propheten" erwähnt Rolf Rendtorff die alten Heilserwartungen nach dem Ende der Davidszeit und dem Niedergang des israelitischen Königtums. Ein „Stern aus Jakob" wurde erwartet, ein „Fürst des Friedens", ein „Heilskönig". Alle Ängste, Leiden und Störungen im Zusammenleben von Menschen sollten enden, hieß es damals, Raubtiere würden friedlich bei den Lämmern lagern, Kinder mit den großen Schlangen spielen, nichts Böses sollte mehr sein. Jedoch, fährt Rendtorff fort, es wird heute bei den Ausmalungen des Besseren vergessen, daß im Alten Testament immer wieder ein Element in den Vordergrund tritt: die Herstellung vollkommener Gerechtigkeit unter den Menschen. Das ist es, was letzten Endes als das Entscheidende angesehen wird.

Diese Gerechtigkeit für alle wird aber niemals von Machthabern eingesetzt oder ermöglicht werden. Machthaber wollen mehr Macht; ihre humanitären Phrasen gehören zum Geschäft. Gerechtigkeit für alle wird erst in der Gerechtigkeit, die der einzelne sich selber angedeihen läßt, zu einem allmählich das Böse bestreitenden und über den betreffenden einzelnen hinausgreifenden Prozeß.

Der wirkliche Künstler (der, dessen einzige und nie verlassene Braut die Phantasie ist) ist in allem, was er schafft, und in dem vielleicht noch ungleich größeren, das zu unterlassen er sich mühsam erzieht. Der moderne Künstler kann zum Paradigma einer Gerechtigkeit für alle werden. Weil der Künstler, im Unterschied zum Ideologen, für alle Menschen schafft und nicht für Gruppen, Parteien, Institutionen, Interessenverbände etc. Ideologen schließen Andersdenkende und Anderswollende aus; der Künstler schließt von seinem Werk niemanden aus. Kunst kostet lediglich Geld. Wenn ich überlege, wieviel Geld in unseren Breiten jeder jederzeit für reinen Vernichtungsdreck (Fressen, Fummel, Autos, Reisen in leere Zeitwelten)

110, Keine Salzburgerin

111, Die aztekische Flammenmätresse

ausgibt und wenn ich dann zuhöre, wie sich solche Selbstbestrafungsspezialisten erregen, daß Bücher, Theater, Bilder „viel zu teuer“ seien, kann ich nur die Achsel zucken und jeden Kommentar sparen. Ich bin höflich katholisch und chemisch gereinigt und bringe mich im übrigen bedeutend uncleverer durch als die klagende Mehrheit, aber dabei habe ich lernen können, den Wert einer Teilhabe an wirklicher Kunst vom Preis eines erbärmlichen, halb vergifteten und schlecht servierten Essens doch noch zu unterscheiden. Hier muß ich aber der einstmals, bei unserer ersten Begegnung in Hamburg so unvergeßlich „wehklagenden Nervenprimadonna“ André Heller, noch nachträglich herzlich lachend, unbedingt zustimmen. Daß die Zeiten nun allmählich wieder strenger werden, ermöglicht zumindest wieder das Lachen. Lachen als Kunstwerk, das haben wir nun hinter uns.

Im Dezember 1981 ging ich mit Eleonora in die Alte Oper in Frankfurt. Dort erlebten wir das poetische Variété Flic Flac, das mit seinen Künstlern auf Tournee war und in Frankfurt mehrere Tage gastierte. Die Alte Oper ausverkauft, die Vorstellung ein Triumph aus Phantasie, Können und Tempo, die Menschen begeistert, ergriffen, intensiv erinnert an sich selber. Die Magie des Novalis verwirklicht: Welt war, niedergehend in bloße Materialität, zu einem tödlichen Unort geworden. Doch in der dunkelsten Tiefe dieses Unorts war alles zum Traum geworden. Dieser Traum war Welt geworden. *Flic Flac* mit einem jeden der hier beteiligten Künstler und in André Hellers Planung und Regie war verwirklichte Phantasie, ist Erlebnis eines Traums geworden.

Zwei Stühle neben mir saß die schönste Frau des Abends; es war die

112, Der rechte Spiegelmensch erscheint dem gläubigen Tiger anstelle der Muttergottes

113, Der Verwandlungsreisende mit Teilen seines Gefolges

vom übelsten Auschwitz-Gewinnler Frankfurts ausgehaltene, stadtbekannte Mätresse. Sie war ebensowenig ausgeschlossen von diesem Traum des Hellerschen Variétés wie in der Reihe vor mir ein Mann, den ich sehr lange kenne. Dieser einzelne Mann hat allein mehr für Drogenkranke in Frankfurt und Umgebung getan, in Jahren einer strikt geschäftsfreien Sisyphosarbeit und Selbstaufopferung, als alle in der Hölle ihrer Ausbeutung von Kranken dahindämmernden Großluden verhindern konnten. Auch er saß hier in der Vorstellung. Ja, jeder, der notfalls für eine Eintrittskarte arbeitete, anstatt sein blödes Anspruchsdenken zu hätscheln, konnte hier dabei sein, wurde nicht ausgeschlossen. Ich habe wirklich gearbeitet in meinem Leben, mehr als einmal, um mir ein bestimmtes Buch kaufen zu können. Das las ich dann aufmerksamer. Man darf mir glauben, daß ich mit Freuden weiterarbeitete. Denn ich lasse mich nicht beschäftigen. Und dafür zahle ich. Vorher. Und das paßt mir. Nachher.

In jener Vorstellung fragte ich mich, heftig erinnert an meine verschütteten Träume, woher es wohl kommt, daß Ideologien, Phrasenmacher, Parteileute jeden ausschließen, der sie nicht kritiklos nachäfft, ja daß diese leeren und überlebten Figuren samt ihren Mittrottern letztlich nur vom Geschäft mit Feindbildern leben? Und ich fragte mich, wieso von Kunst niemand ausgeschlossen wird, es sei denn, daß er sich wegen Gleichgültigkeit oder selbstzufriedener Ignoranz und Daseinsfaulheit beständig selber ausschließt?

Ich habe keine Antwort auf diese Frage gefunden.

Ich fand etwas Besseres in jener Vorstellung des besten Variétés, das ich bis heute erlebte: Erinnerung an meine längst begrabenen Träume fand ich, damals.

Seither arbeite ich, endlich, an der Erschaffung eines dieser Träume.

Gerechtigkeit in der Welt wird es nie geben, doch jeder, der sich selber Gerechtigkeit angedeihen läßt, wird besser leben. Er wirkt. Ist attraktiv. Er ist ein Erinnerer. Andere werden den Versuch unternehmen, es ihm nachzutun. So kommt das entscheidende Milligramm von mehr Gerechtigkeit in die jetzige Widersprüchlichkeit der Welt.

Es gibt nur wenige Formen schöpferischen Widerstands gegen die eingerasterten Zustände. Doch noch sind wir voneinander verschieden, noch gibt es mehrere Wege zur Menschwerdung, zu sich selber. Eine der Formen des Widerstands ist Erinnerung, Erinnerung an die bösen Dinge in mir und an die besseren Bestände in mir. Erkenne ich sie aber, weil ich mich komplex und nicht einseitig erinnere, kann ich wählen.

Erinnern im Alleingang führt zum krankhaften Gegrübel.

Erinnerung braucht Helfer.

Zu den Erinnerungshelfern meines Lebens und meiner Epoche gehört André Heller.

Danke André.

Wir gehen da durch, André.

114, Heller als Ersatzspinne

115, Das Spinnenfräulein Alice von Jammek

116, Der Bubenspieler

DER VERWANDLUNGSREISENDE VERSUCHT, DIE ZUHÖRER AUF EINE DAME EINZUSTIMMEN

Die unausgesprochene Sehnsucht vieler Zuschauer richtet sich nach einem Mißgeschick oder Unglück.
Nach der Bestrafung der vermeintlich Unvernünftigen.
Denn das weiß er, der Bürger, daß derjenige umzukommen hat, der sich freiwillig in Gefahr begibt.
Aber bedenken Sie, Artist sein ist kein Beruf, meine Herrschaften, Artist sein ist ein Zustand.
Die einzig mögliche Form wahrhaftiger Selbstverwirklichung für eine bizarre Gruppe von Lebewesen.
Diese kokettiert nicht mit der Todesnähe, sie bedeutet vielmehr ihre Lebensnähe.
Eine junge Frau verläßt das, was man die Geborgenheit nennt, um mit Rasierklingen, scharfen Dolchen und Degen auf metallenen Leitern zu balancieren.
Wir wissen, sie weiß, eine falsche Bewegung kann sie zum Krüppel machen, zum peinlichen Objekt unseres Mitleids.
Warum tut sie es? Warum?
Weil die Welt veröden würde ohne das Unbegreifliche, und weil es nicht sinnloser ist, Zerbrechliches auf Messerspitzen zu wiegen, als in der Position eines Buchhalters oder Admirals seine Angst zu kaschieren.

117, Die Sachverständige der Ahnungslosen

118, Der Dukatenmuskulant Wenzel Anastasius Krk

119, Der Schachtelmensch Santello wird von der Königslibelle in ein Kaleidoskop verwandelt

120, Der Zuschauerraum im Hamburger Schauspielhaus während einer Mitternachtsvorstellung

121, Adieuballons

MITWIRKENDE VON FLIC FLAC I

ARTURO BRACHETTI
Verwandlungsreisender

DRAGO
der Zwergadjutant des Lama Gulliver

RAO
der Schattenexzentriker beider Sizilien

CARAZINI
der Rauchkämmerer der aztekischen Flammenmätresse

MADAME RINALDO
die Natternäbtissin

HUELSENBECK
der Großmagier aus Bali

NASRINE UND NASRINE
die Zopfhangzwillinge

WENZEL ANASTASIUS KRK
der Dukatenmuskulant

RESI
die Braut der Erinnerung

KARAH-KHAVAK
und die Gletscherkrokodile

ALICE VON JAMMEK
das Spinnenfräulein

SANTELLO
der Schachtelmensch

KARFUNKEL UND ZIPPER
die Diamantenspringer

ALBERTO PADUA
der Drachenringer

PING-WU
der Kammerfisch

GIUSEPPEL ZAMPANO
und die zweiundvierzig entrückten Salamanderergänzungen

EXZELLENZ KALBSVÖGERL
die Schüttelmanieristin

KAUKASISCHE LICHTSCHLUCKER
Letzte Überlebende der Titanic u. v. a.

Das Sarabandenorchester des Poetischen Nationaltheaters unter Leitung von *PAUL FIELDS*

ENTWURF DER BÜHNE
Helmut Stürmer

BÜHNENBILD
Helmut Stürmer
Georg Resetschnig

ZWISCHENVORHÄNGE
Erté · Christian Ludwig Attersee
Susanne Schmögner · Hubert Aratym
Walter Navratil

PHOTOÜBERMALUNG
Arnulf Rainer

LICHT
David Hersey

KOSTÜME
Frieda Parmeggiani

MASKE
Albert Ecker

TON
Felix Rausch

THEATERPLASTIK
Jean Pierre Bénèch

BÜHNENBEMALUNG
Peter Giljum

REGIEASSISTENZ
Kurt Kastner

KOSTÜMORGANISATION
Annette Beaufays

LICHTASSISTENZ
Jennifer Cane, Gary Brown

CHOREOGRAPHISCHE ASSISTENZ
Christian Wagner

BÜHNENMEISTER
Mathias Kodric

BÜHNE
Gerald Distl, Walter Fortunits, Kurt Grafl, Urban Kofler, Jürgen Potye, Günther Spiegelhofer

KOSTÜMWERKSTATT
Siegrid Feig, Waltraud Jungwirth, René Karger, Liliane Kraus, Heide Kreuter, Heinrich Kohout, Michaela Mannsberger, Maria Pinterich, Alexander Rinesch, Linda Rotschnik, Lotte Weiss

MUSIKER
Hans Dujmic, Johannes Groysbeck, Erwin Kienast, Othmar Klein, Rudolf Masek, Heribert Metzker

PRODUKTIONSASSISTENZ
Daniela Rinesch

ABENDREGIE
Ulli Stepan

TECHNISCHE LEITUNG
Georg Resetschnig

PRODUKTIONSLEITUNG
Michael Sedivy

REGIE UND KÜNSTLERISCHE GESAMTLEITUNG
André Heller

TOURNEEVERANSTALTER
Marcel Avram und
Marek Lieberberg

EINE PRODUKTION
DER WIENER FESTWOCHEN 1981

122, Die einunddreißigste und zweiundvierzigste Salamander-Ergänzung

123, Susanne Schmögner vor ihrem Zwischenvorhang

124, Attersee vor seinem Zwischenvorhang

125, Der Hauptvorhang von Erté

126, Heller und Erté, 1978

127, Der verlorene Haarspalter von Cadaqués

MITWIRKENDE VON FLIC FLAC II

Der Verwandlungsreisende *JEAN PAUL SCHNEIDER*, der Allabenddirektor *LORD FRANZ DRAGO*, die Herausforderung der Nachtigallen *THAIS CLARK*, der Schattenexzentriker beider Sizilien *RAO*, der Schachtelmensch *SANTELLO ALLESSANDRO GIUSEPPE BANDJA MAY*, die aztekische Flammenmätresse *KIRA VON BIRON*, das vorsprechsüchtige Maskeradenopfer *RAMELLA*, die wiedergefundene Anna Plochl alias Spinnenfräulein Alice von Jammek geborene *EDITH DIEPOLD*, der unerschütterliche Dukatenmuskulant *WENZEL ANASTASIUS KRK*, der Schlundleuchter Hofrat Neon von *TING* aus Taipeh, der hundertjährige Diabolobräutigam *WONG*, das Känguruh Mutter *GERTRUD* aus Canberra, die ungarischen Höhenspringer *ENDRESZ, ENDRESZ, ENDRESZ* und *ENDRESZ*, die Zopfhangzwillinge *MORENA* und *JASMIN*, der Engel *UNGEDULD*, die liebreiche *SAIJA SINGER*, der Tassentässner *KING LUNG*, die Salamanderergänzungen *BEVERLY ANDREWS, ANDRIÉ REID, PATRICIA TAUDIEN*, die Fußklapperer des *PERRY-PEARCE-PROJEKTES*, der tapfere *MENI SALOMON*, die romantische Kugelexzellenz *BRIAN PEARCE*, der zuwenig geohrfeigte *JEAN PIERRE BÉNÈCH*, die falschen Nonnen und Kerzelweiber *ANRUTH* und *REGINA KEFER*, der leichtfüßige Flugzwerg *WILLIBALD*, die Pfau im Pfau Frau *JEANNETTE BECKER*, die Narrenspiegler: *FRANK BAXTER, BOB DIVILEK, DIETHARD FAHRENLEITNER, ARNOLD MANFRED HAAS, DORIS VORZELLNER, WALTER WINKLER, MIRJAM PLOTENY, SARA REJWAN-KÖLLEN.*

Das Sarabandenorchester des Poetischen Nationaltheaters unter Leitung von *PAUL FIELDS*
(Mischa Krausz, Erich Piplics, Robert Politzer, Albert Steinhauser, Klaus Spechtl, Robert Steiner)

RAUM UND BÜHNENBILDER
Georg Resetschnig
André Heller
der Spiegelraum nach Entwurf von Oskar Schlemmer

KOSTÜME
Annette Beaufays
unter zusätzlicher Verwendung von Entwürfen von Oskar Schlemmer, Nicolas de Larmessin, André Heller und Frieda Parmeggiani

CHOREOGRAPHIE
Clive Hicks Jenkins

LICHT
Max Keller

MASKE
Rino Carboni

ENTWURF DER BÜHNENFASSADE
Helmut Stürmer

ZWISCHENVORHÄNGE
Hubert Aratym · Christian Ludwig Attersee · Erté · Walter Navratil · Friedrich Schinkel · Susanne Schmögner

PHOTOÜBERMALUNG
Arnulf Rainer

MASKEN UND THEATERPLASTIK
Jean Pierre Bénèch
Alexander Rinesch

TECHNISCHE BERATUNG
Erich Offermann
Günter Pahlow

BÜHNENMALER
Peter Giljum, Klaus Kogelnig, Christine Fekete

BÜHNE
Hartmuth Ebenholzner, Kurt Grafl, Angelo Kaunat, Roland Kohn, Jean-Thierry Marconnet, Sepp Pinter, Jürgen Potye, Wolfgang Thaler, Heinz Wieser

CHORKOMPOSITEUR
Mainhard Rüdenauer

STIMMCOLLAGEUR
Helmut Policar

ES SINGT DAS
Festival Vocal Quartett

TON
Christian Thiele

BÜHNENMEISTER
Mathias Kodric

ABENDREGIE
Anna Proksch

PRODUKTIONSORGANISATION
Michael K. Epstein

GEWANDMEISTERIN
Heide M. Kreuter

KOSTÜMWERKSTATT
Waltraud Jungwirth, Heinrich Kohout, Grete Pinter, Maria Pinterich, Eva-Maria Pfeifer-Schissl, Lotte Weiss

LICHTASSISTENZ
Jennifer Cane, Frank Horvath

MASKENBILDNER
Mary Pyanowsky, Susanne Braun

SPEZIALEFFEKTE
Graef, Disco Magic

WERBUNG
Robert Amon

FLIC-FLAC-SEKRETARIAT
Leitung: Hedi Narnen, Maria Burgstaller, Eva Hennigs, Tina Naschitz

MITARBEITERIN DES REGISSEURS
Sigi Herzog

PRODUKTIONSLEITUNG
L. G. Huemer

REGIE UND KÜNSTLERISCHE GESAMTLEITUNG
André Heller

EINE PRODUKTION
DER WIENER FESTWOCHEN 1982

128, Einer für alle, niemand für ihn

STATISTISCHES MATERIAL FLIC FLAC 1981, 1982 UND 1983

Wien – Secession	1. Juni–28. Juni 81	38 Vorstellungen	16.700 Zuschauer
München – Kronebau	6. Juli–4. August 81	38 Vorstellungen	70.800 Zuschauer
Hamburg – Schauspielhaus	23. August–19. September 81	37 Vorstellungen	55.300 Zuschauer
Düsseldorf – Zelt	25. September–18. Oktober 81	28 Vorstellungen	52.600 Zuschauer
Mannheim – Rhein-Neckar-Halle	8. November–26. November 81	24 Vorstellungen	35.700 Zuschauer
Essen – Grugahalle	2. Dezember–17. Dezember 81	21 Vorstellungen	38.800 Zuschauer
Frankfurt – Alte Oper	22. Dezember–31. Dezember 81	17 Vorstellungen	30.600 Zuschauer
Wien – Konzerthaus	2. Juni–20. Juni 82	27 Vorstellungen	25.475 Zuschauer
			325.975 Zuschauer

20. 8. 1981	Bios Bahnhof – ARD · 15 Minuten	Einschaltquote: 24%	4,800.000 Haushalte
14. 11. 1981	ORF · 90 Minuten	Einschaltquote: 12%	677.000 Haushalte
2. 1. 1982	ARD · 90 Minuten	Einschaltquote: 13%	2,760.000 Haushalte
17. 6. 1982	ORF · 95 Minuten	Einschaltquote: 6%	131.200 Haushalte
27. 7. 1983	Montreux-Beitrag ORF · 45 Minuten	—	—
30. 7. 1983	SRG · 95 Minuten	Einschaltquote: 4%	504.000 Haushalte
			21,046.500 Zuschauer

(Man rechnet mit 2,5 Personen pro Haushalt)

129, Uraufführung in der Wiener Secession, 1981

130, Gastspiel in der Alten Oper Frankfurt, 1981

131, Gastspiel im Zelt Düsseldorf, 1981

132, Überreichung von Platin und Golden Show Tickets für über 300 000 zahlende Besucher durch MAMA Concerts unter anderen an Kulturstadtrat Helmut Zilk und die Generalsekretärin der Wiener Festwochen Hildegard Waissenberger als Produzenten von Flic Flac

Entwurf eines Brunnenkostüms (spätes 17. Jh.)

133, Der Brunnen geht so lang zum Kruge, bis er spricht

134, Der leichtfüssige Flugzwerg Willibald

DIE LITANEI DES SCHÜTTELMANIERISTEN

„Spielen!
Mit Herzen spielen.
Mit Drachen spielen.
Mit Kometen spielen.
Mit Kristallen spielen.
Mit dem Tod spielen.
Mit schönen Mädchen spielen.
Mit schönen Buben spielen.
Mit Wolken spielen.
Mit dem Feuer spielen.
Mit Gedanken spielen.
Mit Spielen spielen.
Spielen, spielen, spielen . . .“

135, Die lasterhafte Tugend

136, Zwischenvorhang von Walter Navratil

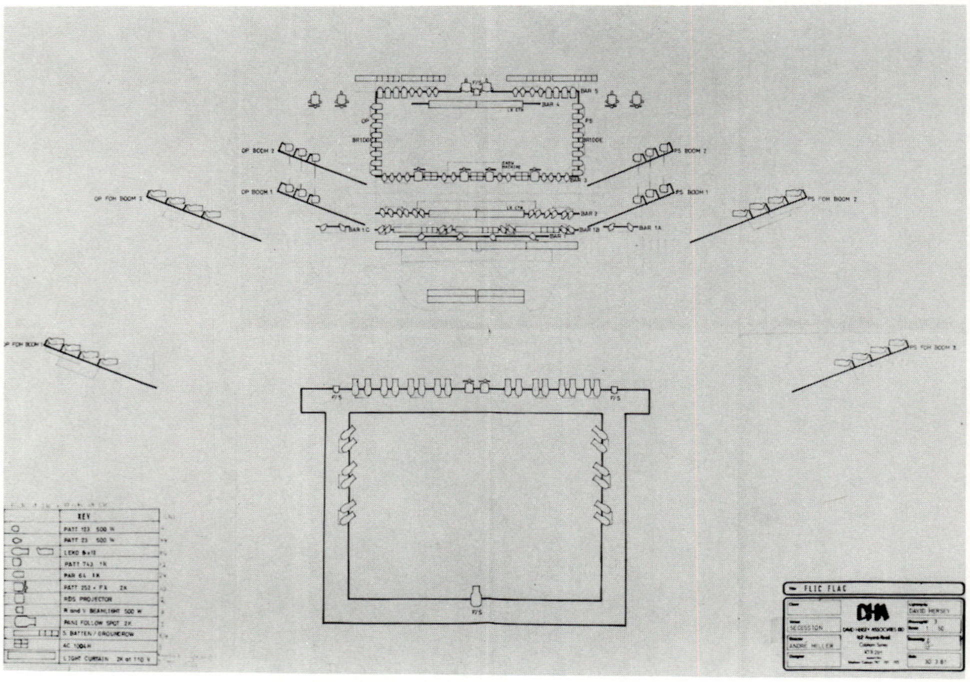

Beleuchtungsplan von David Hersey

137, Regiebesprechung Heller, Resetschnig, Kodric

138, Zeppelinflug über New York

139, Aufbau der Flic Flac Bühne in der Alten Oper Frankfurt, Dezember 1981

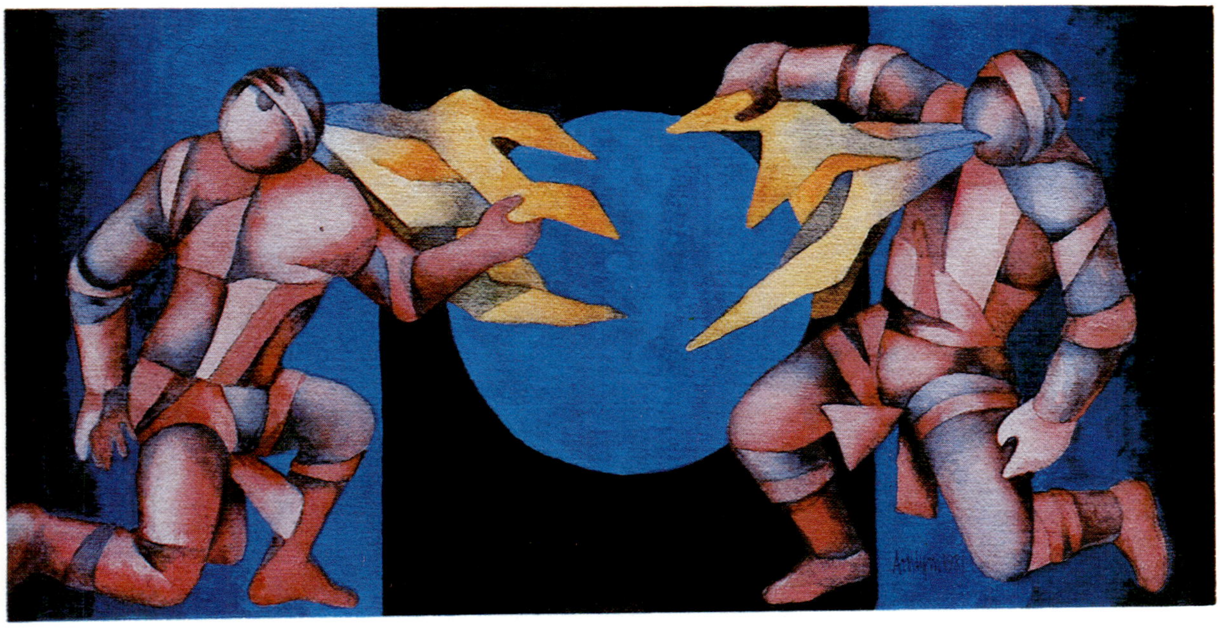

140, Zwischenvorhang von Hubert Aratym

142, Die Känguruhwitwe

DIE REDE DES LAZARUS

Ein Mensch verläßt sein Gebäude aus
Lügen.
Verläßt seine tragische Ignoranz,
die er Idylle nennt.
Ein Mensch macht seinen ersten Schritt
in die Wirklichkeit unserer Gegenwelt.
Denn nichts ist ausschließlich so,
wie es dir ursprünglich scheint.
Lernet zu sehen!
Der Spazierstock ist ein
Hochzeitsbouquet,
das Hochzeitsbouquet ist ein
Taschentuch,
das Taschentuch ist eine Taube,
die Taube ist ein Spazierstock.
Lernet zu sehen.

141, Der Pupillenturiner

143, Die eine Seite der anderen

144, Die andere Seite der einen

145, Der macchiavellistische Freund des Schlundleuchters Ting

146, Die Gegenpäpstin Johanna

147, Der Zeitgeist

148, Das vorsprechwütige Maskeradenopfer Ramella

149, *Das ewige Kind mit seiner zierlichen Mutter*

ERNST BLOCH
aus: DAS PRINZIP HOFFNUNG, 1939

Festschmuck und barocke Bühnenbauten

Die Orgie unterscheidet den Menschen vom Tier, deutlicher als der Verstand; der Mensch hört nicht auf, wenn er genug hat. Die glänzendste Zeit für's Festefeiern war am Ausgang des Mittelalters und im Barock; damals verstand sich die herrschende Klasse auf Gepränge wie nie zuvor. Riesiger Reichtum, Kaufmanns- und Fürstenkapital, strömte an wenigen Punkten zusammen; oft abgeschmackte, aber nie ermüdete Genuß- und Prunkkraft war imstande, sich im Überschwang anzulegen. Der Architekt verband sich mit dem Maître de plaisir; Stift und Farbe, Regie und Allegorie lieferten dem Fest jeden aufbaubaren Traumzauber, den es brauchte. Was in Pompeji an die Wand gemalt, an Bauten, auch mythischen Szenen, stand hier auf dem Tisch oder exaltierte den Festsaal und die Gäste, die Versatzstücke des Dekors geworden waren, in ihm. Auf einem Ball des Bischofs von Sens um 1400 gab es Wein aus Glas, Frauen als ihre eigenen Nebenbuhlerinnen verkleidet und als Aktbilder zuletzt, die man klarer Abend nannte. Von einem Gelage, das der Herzog von Lille 1454 gab und das einen Kreuzzug gegen die Türken zur Wiedereroberung Konstantinopels ankündigen sollte, wird folgende Tischdekoration überliefert: ein bemanntes und aufgetakeltes Handelsschiff, eine Wiese mit Bäumen, Felsen, Quelle und dem Bild des

150, Prinz Eugen auf Abwegen

heiligen Andreas, das Schloß Lusignan mit der Fee Melusine, eine Windmühle mit einem Vogelschießen, ein Wald mit beweglichen wilden Tieren, eine Kirche mit Orgel und Sängern, welche, mit Musikanten abwechselnd, die in einer Pastete saßen, fromme Musik zum besten gaben. Nicht genug mit dieser Fernwelt, vereint auf dem Tisch, erschienen rings um den Tafelaufsatz bewegliche Bilder und Bildsäulen, kriegerische Wunschsituationen staffierend und solche des Siegs. Auf dem Höhepunkt des Festmahls ritt Sainte-Eglise selber ein, in einem Turm sitzend, auf dem Rücken eines Elefanten, den ein türkischer Riese führte. Das ist Gargantua – Welt des Festes, auch eine Fülle barbarischer Sehnsucht nach Wunderlich-Wunderbarem, nach Castel Merveil, aus späten Ritterromanen gezogen und zur Schau verwandt, verwandelt. Darum mußte sich der Intendant solch fürstlicher Lustbarkeiten noch auf mehr als auf Phäakenland verstehen, er warf den Raum samt den Gästen ins Überirdisch-Monströse. Casanova berichtet noch aus dem Rokoko, einer Welt, die sich sonst nicht mehr auf Fortissimo verstand, gigantische Verzauberungen aus Spätmittelalter und Barock. Er berichtet von den Ferien Karl Eugens von Württemberg, eines Despoten, der noch besser als die meisten anderen Duodezfürsten Deutschlands die Alchymie beherrschte, aus dem Schweiß seiner Untertanen Gold zu machen, eines Phantasten, der es verstand, seinen Hof, trotz Versailles, zum glänzendsten Europas zu machen. Diese Feste dauerten vierzehn Tage ununterbrochen, Genußfähigkeit einer starken Bauernhochzeit verband sich mit den Gaben und Kunstwerken der Courtoisie. Der Herzog führte seine Gäste durch ein tausend Fuß langes, strahlend erleuchtetes Treibhaus, er führte sie durch Orangen- und Zitronenhaine, an dreißig Seen und Wasserspielen vorüber. Im Schloßhof stand die Tafel, Wolken senkten sich nieder, Wolken teilten sich, der Gipfel des Olymp wurde sichtbar, mit seinen Göttern, von goldenen Säulen eingefaßt, zur Seite die Sitze der vier Jahreszeiten und der vier Elemente, aus dem Olymp klangen italienische Arien, Sirenenmusik ohne Gefahr. Eine verdeckte Maschine setzte Venus mit sechzehn Liebesgöttern auf den geschmückten Tisch; die Dame gewährte, die Kavaliere lächelten, und am Ende des Festes war das gesamte genießbare Weltall auf der Haut des Weibes, auf dem Pläsier des Mannes aufgetragen. Nie wurden glänzendere Feste gefeiert als im Barock, dieser theatralischen Zeit, und seinem Nachklang im Rokoko; nie waren sie – bei abziehender, doch desto dekorativer Feudalmacht – mit solch raffiniertem Aufwand versinnbildlicht.

151, Wartende

Le Néant: „Un autre monde“

Dergleichen fehlt erst recht nicht, wo in Bildern Neues übertrieben wird. Witzblätter ziehen seit hundert Jahren Stoff daraus, wie der Mensch in hundert Jahren aussehen wird. Der Spott wird desto stärker, je sonderbarer der Spötter selber von seinen voraus gemalten Fratzen betroffen ist. Dann kann sich freilich die Karikatur auf eine Höhe schwingen, die dem Witzblatt notwendig fehlen mag. Bedeutend hierfür ist ein Grotesk-Bilderbuch mit Text aus dem neunzehnten Jahrhundert auf der romantisch-technischen Kippe: Grandvilles „Un autre monde“ (1844); der Autor starb drei Jahre später im Irrenhaus. Umgestiegen wird hier aus der alten Welt in eine neue, und die Sittenschilderung des Umstiegs mischt sich mit freundlichen Genreszenen der Hölle. Auf dem Titelblatt werden verheißen: „Transformations, Visions, Incarnations, Ascensions, Locomotions . . ., Métamorphoses, Zoomorphoses, Lithomorphoses, Métempsychoses, Apothéoses et autres choses.“ Gehalten wird von diesen Versprechungen nicht alles, immerhin rollt der Vorhang auf vor einer vertrackt-utopischen Zucht. Da sind umgebaute Menschen, Doppelfresser, vorn und hinten tragen sie Kopfgebisse und greifen zu. Werkzeuge haben sich längst verselbständigt, sie sind riesige Insekten aus Eisen, ihre Gliedmaßen Zangen oder Hebebalken, ihr Kopf ein Schmiedehammer, der nietet, indem er nickt. Ein „Concert à la vapeur“ zischt, rasselt, klirrt menschenlos und präzis herauf: alle Instrumente werden durch Dampf betrieben, fast sind sie selber Dampfmaschinen geworden; eine oszillierende Kolbenstange, mit Hand daran, gibt den Dirigenten ab. Auch die „Mystères de l'infini“ werden vertechnisiert: Jupiter, Saturn, Erde, Mars sind durch eine Eisenbrücke verbunden; die Brücke zeigt sich durch Gaslampen beleuchtet, so groß wie ein kleiner Mond. Baudelaire sagte von Grandville und seinen Zeichnungen: „Es ist ein krankhaftes literarisches Gehirn, stets auf legitime Kreuzungen versessen . . . Dieser Mensch hat mit übermenschlichem Mut sein Leben damit zugebracht, die Schöpfung zu verbessern." Aber eher und einzig richtig war er das Talent, technische Gargantuas auszubildern und mit diesem Scherz sein Entsetzen zu treiben. Jedes dieser Bilder karikiert, überzerrt die Mittel, die Menschen durch Technik glücklich zu machen. Auf dem Justizpalast der Zukunft steht als Axiom: „Les crimes sont abolis, il n'y a plus que des passions" – ein ernster Gipfel im aufgebäumten Spott utopischen Unsinns. Soweit Grandville, und sein Orakel; ein schizophrener Kleinbürger, ein bedeutendes Grauen technischer Phantasie hat hier zuviel von Proteus oder auch Prometheus gegessen, davon ward ihm übel. Wobei ohnehin jede Seltsamkeit, wie gesehen, ein Stück Witz mit sich führt, als ihre Kehrseite; was ja auch an manchen Produkten des Surrealismus bemerkbar wurde. Außerhalb des Surrealismus ist das am besten erweisbar an den Höllenmontagen, den „paradisi voluptatis" Hieronymus Boschs, deren Misch-Nouveautés vom spanischen Hof einzig um der Belustigung willen gesammelt worden waren. Und nicht ganz unverwandt erscheint das eigentümliche Witzgrauen auch in der übertriebenen Prothesen-Familie Grandvilles, als einer, worin Irrsinn und Spaß zugleich ausbrechen. Schwer, dem beizukommen; Heiterkeit rettet, selber frivol, vor jener dämonisch werdenden Entlegenheit, zu der der Mensch und später die Maschine die Welt umstellen können; Witz rettet vor der äußersten Künstlichkeit oder Ungesundheit abstrakter und doch darstellbarer Mischfiguren, vor dem Schattenreich technischer Unzucht, schwarzer Utopie. Zugleich aber ist Witz objektiv in ihr: als ein Anfang des „Grotesken", das sprachlich wie sachlich aus der „Grotte" oder Unterwelt stammt, als Vater oder Bruder eines Gelächters, das gerade der Hölle nicht fehlen darf. Einiges davon erscheint in den angegebenen Karikaturen, den Furchtkarikaturen der Technik und ihrer Prothesen. Mit hämischem oder höhnischem Angsttraum, voll Schreck vor der technischen Herausforderung und dem, was sie ruft. Riesige Schlitzaugen öffnen sich auf einem Bild Grandvilles am Himmel; die Großbomber der Zukunft freilich und die Atombombe wurden vom schrecklichsten Hohn nicht vorgesehen.

152, Der Verwandlungsreisende im Zustand der Schwerelosigkeit

153, Die arme Libelle Robert

THEATER DES FEUERS

Flammenrevuen und Pyroskulpturen, 1983 und 1984

Nicht durch höhere Vollkommenheit
scheiden sich Kunstwerke vom fehl-
baren Seienden, sondern gleich
dem Feuerwerk dadurch, daß sie
aufstrahlend zur ausdrückenden Er-
scheinung sich aktualisieren.
Sie sind nicht allein das andere
der Empirie: alles in ihnen wird
ein anderes.
THEODOR W. ADORNO

ÜBER DAS GLÜCK

ANDRÉ HELLER
6. FEBRUAR 1982

Werke aus Feuer waren in den Phantasien der Menschen von jeher zauberische Sendboten der Götter. Je nach Form und Größe, Helligkeit, Dauer und Temperatur bedeuten sie: Zerstörung, Erhebung, inbrünstige Liebe, Entrückung, das Reden in vielen Zungen, die Mahnungen des unheiligen oder heiligen Geistes, Ausgelassenheit, Trauer und Offenbarung. Über die Jahrtausende hinweg gab es immer wieder die unterschiedlichsten Bemühungen und Erfolge, Feuer zu zähmen, den Irdischen berechen- und dienstbar zu machen. Schließlich wurden selbst Krieg und Frieden Ergebnisse der Handhabung von Feuer und seine Allmacht umfängt uns segnend und sengend bis zum heutigen Tage. Es ist die Wiege der Salamander, deren ewige erstaunte Doppelgänger gewisse Begnadete sind, deren einer zu sein ich allen Zweiflern zum Trotz die Ehre habe. Deshalb auch ist mir die Nacht als Arbeitsplatz zugewiesen, als Ort, dem ich Menetekel und Rätsel abverlange. Dort will ich ein Licht anzünden. Wie ich soll es sein: widersprüchlich und stark, unvernünftig und verblüffend. Die Linien meiner Traumgesichte soll es nachzeichnen. Ein Glück soll es sein, für alle, die ihm begegnen. Ein G l ü c k.

154, Die erste Anrufung der Phantasie

TAGEBUCHAUFZEICHNUNGEN von ANDRÉ HELLER ZWISCHEN DEM 13. MAI UND DEM 12. JUNI 1983

13. Mai 1983/Wien

Erst heute, 28 Tage vor dem Ereignis, ist die Finanzierung von „TEATRO DE FOGO" in Höhe von öS 9.000.000,– endgültig gesichert. Eineinhalb Jahre nahezu unausgesetzten Bittens und Bettelns bei Millionären, Banken, Ministerien, Filmproduzenten, Fernseh-Stationen, Plattenfirmen und anderen. Gegebene und gebrochene Versprechen von Leuten, die mit gnädiger Miene mitteilten, daß ihnen meine Arbeit durchaus wichtig erschiene, es aber nichts Schwierigeres gäbe, als bei der derzeitigen angespannten wirtschaftlichen Situation Geld für etwas so „Luxuriöses und nicht Lebensnotwendiges" wie Kunst zu geben. Einige wären bereit gewesen zu zahlen, falls ich wiederum Varieté und Zirkus machen würde, aber das Risiko eines Experimentes, das Ermöglichen einer Expedition zur Tilgung weißer Flecken auf der Landkarte des Phantastischen, wollte keiner auf sich nehmen.

Es ist die spiegelgleiche Wiederholung der Situation, die jeweils vor „Roncalli" und „Flic Flac" herrschte. Nach triumphalen Erfolgen finden sich immer Dutzende, die nachträglich auf das Siegerpferd in eben jenem Rennen setzen wollen, das es soeben gewonnen hat. Man kann sich dann kaum der Gratulationen und Anbiederungsversuche erwehren. Die meisten Menschen, insbesondere die Österreicher, bevorzugen Bündnisse mit der Vergangenheit gegenüber solchen mit der Zukunft. (Daß von der SPÖ ausgerechnet heute die schändliche Koalition mit der FPÖ verabschiedet und dadurch der SS-Mordkompanie-Offizier Friedrich Peter als 3. Präsident des Nationalrates vorgeschlagen worden ist, beweist diese Theorie auf einem anderen Sektor.) Schließlich hat mir ein deutscher Industrieller (Herr Dr. Scholz, den ich durch Heidi Schöller kennenlernte) ohne jedes Demütigungsritual sehr eindrucksvoll geholfen und treue Freunde beim Österreichischen und Bayrischen Fernsehen haben legal ermöglicht, was zunächst unmöglich schien, nämlich für die Verfilmung des Spektakels während eines bereits verplanten Produktionsjahres Bares dafür freizumachen.

Zusätzlich erschien eines trostlosen Abends in meinem Hause ein wohlhabender Privatier, Herr Stefan Seigner, und bot sich unentgeltlich und überaus liebenswürdig als Schutzengel und Motor meiner geschäftlichen Abwicklungen an, was ich selbstverständlich aufatmend akzeptierte. (Mittlerweile übernahm er auch eine Bankbürgschaft in Millionenhöhe und darf als derjenige angesehen werden, der mich vorläufig vor dem finanziellen Ruin bewahrt hat.)

Es ist leicht zu erklären, warum ich immer wieder diese Nervengeisterbahn besteige, warum ich immer wieder, um Kunst zu ermöglichen, alles, mein Haus, meine Sammlungen, meine Plattenverträge verpfände, warum ich sehenden Auges diejenigen, die mich lieben, vor Sorge über meine Sorgen krank mache: Weil ich in Verdammnis als Gescheiterter sterben müßte ohne die Verwirklichung dieser Projekte, derentwegen ich ja in meiner jetzigen Verwandlung geboren wurde. Es ist meine schöne Prüfung, als Heller aufsehenerregende Zeichen einer poetischen Gegenwelt zu setzen, als Hinweis auf jene geheimen Kräfte, die in unterschiedlicher Dosierung jedem von uns innewohnen und als einzige geeignet sind, unsere Erlösung aus Kleinmut und Banalität zu bewirken. Die Rettung dieses wunderbaren Sternes, die Abwendung des ökologischen Bankrottes, die Entwaffnung der Kriegssüchtigen, die rasche, gerechte Umverteilung, die Bewältigung der äußeren und inneren Arbeitslosigkeit ist lediglich aus der Gnade der Phantasie vorstellbar. An den Künstlern liegt es, dies allgemein bewußt zu machen.

14. Mai 1983/Paris

Gespräche mit den Pyrotechnikern von Ruggieri. Die Büros der Firma sind auf der Place de la Madeleine. Der Generaldirektor erklärt mir gelangweilt das Wesen des Feuerwerks, liest aus einer Rede vor, die er vor dem Pariser Bürgermeister anläßlich eines von seinem Unternehmen durchgeführten Festes vor einigen Wochen im Park von Versailles gehalten hat. Ich entwickle zum hundertsten Mal meine Theorien über Flammenplastiken und Pyrodramen und weiß zum hundertsten Mal, daß man mich insgeheim für einen Idioten hält, der zu viel Geld und Zeit zu haben scheint. Ich habe mich daran gewöhnt, anfänglich die hämischesten Blicke gerade von jenen zu ernten, deren Beruf und Leben durch meine Arbeitsergebnisse am einschneidendsten und positivsten verändert werden. Die Zirkus- und Varietédirektoren, die Seiltänzer, die Tierbändiger und Clowns, die Schattenspieler, die Zauberer, Fakire, Schlangenmenschen, Messerwerfer, Feuerschlucker und Freaks waren vor den „Roncalli"- und „Flic Flac"-Triumphen die größten Gegner meiner künstlerischen Erneuerung ihres alten Universums. „Wenn so etwas einen Sinn hätte, wäre es bereits versucht worden", war die stereotype, lakonische Reaktion. Alle sahen ihr gegenwärtiges und künftiges Heil in der Verbrüderung mit der erbärmlichen, vom Fernsehen und den Boutiquen vorgegebenen Optik und der grassierenden Traumarmut.

„Zeitgeist", wie der deutsche Feuilleton-Kameradschaftsbund neuerdings stolz seine Treuelosigkeit nennt, in seiner vollendetsten Form.

Ruggieri, die schon 1739 Feuerlabyrinthe für seraphinische Wesen ermöglichten, schwören 1983 auf Space-Shows – Hollywood nachempfunden – zu dümmlichster Computermusik. Zahlreiche großartige und überaus originelle Effekte wurden aus dem Katalog gestrichen und durch – was immer das sein mag – „Disco-Raketen" ersetzt. Ich aber fordere Funkenballette zur Musik der hervorragendsten Komponisten. Eine gewaltige Liturgie des Leuchtens als Triumph über die Finsternis der wirklichen und unwirklichen Welt.

15. Mai 1983/Paris

Georg Resetschnig, mein unersetzlicher Mitstreiter, verhandelt tapfer über Regenversicherungen, Transportversicherungen, Risikorückbehalte, Einfuhr- und Zollgenehmigungen. Wir können uns ganz einfach keine Regenversicherung leisten. Sie würde weitere DM 20.000,– kosten und ich brauche jeden Groschen für das Sicht- und Hörbare. Ich hasse die „Hinter-den-Kulissen-Kosten". Bei „Flic Flac" machten sie trotz aller Wirtschaftlichkeit entsetzliche 50 Prozent der gesamten Ausgaben aus. Bei den österreichischen Bundestheatern ist die Opern- oder Theatervorstellung bekanntlich nur mehr eine Art winziger Nebeneffekt eines unvorstellbar aufgeblähten kreativitäts- und spontaneitätsfeindlichen Verwaltungs- und Technikapparates. (Die Jesserer kam einmal mit einem Nervenzusammenbruch nach Hause, weil sie der Betriebsrat des Burgtheaters dafür angezeigt hatte, daß sie über die gewerkschaftlich erlaubte Stundenanzahl hinaus mit Giorgio Strehler geprobt hatte.) Die Lust an der Arbeit empfinden bestimmte Funktionäre als Gotteslästerung. Man kann Kunstschaffende leicht und sinnvoll in solche unterteilen, die Kunst als Beruf mit Amtsstunden durchführen, und andere, die Kunst als unentrinnbaren Zustand begreifen. Ich fordere von meinen Mitarbeitern jedenfalls, daß sie Tag und Nacht geöffnet halten.

Mit Ruggieri einigen wir uns genauestens auf Farben, Formen und Dimensionen der Explosionen. Wir hören einige Male die Musiken von Händel und Strawinsky. Ich lege Synchronitätsmomente zwischen Zündungen und Rhythmuswechsel fest.

Wenn mein Französisch ins Kabarettistische abgleitet, bringt Georg mit seiner ruhigen Stimme Ordnung in die komplizierte Materie. Wir haben Raketen entwickelt, die wie Frösche unter ständigen Verwandlungen über das Wasser hüpfen, goldene und violette Geysire, Diamantenhagel und eine ganze Abteilung neuer Hellerscher Himmelskörper, die ich: Großer böhmischer Nasenfunkler, Abendrotsturz, Raimund-Gloriole, Dreifaltigkeitsstaub und ähnlich taufe.

Prothesen für Kometen wollen wir in Lissabon ebenso zeigen wie nautische Irrlichter und Glühkaleidoskope. Die technisch handwerklichen Fähigkeiten unserer Spezialisten sind, wie mir sogenannte Fachleute aus aller Welt versichert haben, unübertroffen. (Für das Staatsfeuerwerk zur 200-Jahr-Feier Amerikas hat man die Ruggieris nach Washington geholt.) Nach dem 11. Juni werde ich mich hoffentlich uneingeschränkt dieser Meinung anschließen können.

16. Mai 1983/Lissabon

Nachdem ich gestern abend vor dem Café „Deux Magots" unter heftigem Jubel deutscher Touristen wie eine Figur aus einer Wilhelm-Busch-Zeichnung geistesabwesend in eine tiefe Lacke gefallen und vollkommen durchnäßt ins Hotel geflüchtet bin, empfinde ich es heute, angesichts laut Wetterstatistik vollkommen auszuschließender Eiseskälte und heftigsten Regens in Lissabon, nicht

155

mehr als besonders weise Entscheidung, auf die Regenversicherung verzichtet zu haben.

Georg und ich entwerfen ein Plakat unter Verwendung zweier Erich-Lessing-Fotos unserer verzweifelten pyrotechnischen Erstversuche am Sollenauer Gelände des denkwürdigen Chemikers Pokorny. In wenigen Tagen werden die Wände der Stadt von diesen Ankündigungen überladen sein. (Aus Gründen, die ich nicht kenne, besitzt Lissabon keine regulären Plakatwände oder Litfaßsäulen, sondern ist ein Schlachtfeld wildester, vor allem politischer Papier-Anarchie. Sogar Parterrewohnungsfenster und Auslagenscheiben werden erbarmungslos überklebt.)

Ununterbrochen läutet das Telefon. Journalisten, mein Bruder, der zufällig mit Gattin in der Stadt ist und mit 38,5° Fieber im 25. Stockwerk des Sheraton-Hotels liegt (ich pflege bereits ab dem vierten Stockwerk zu fiebern), der freundliche österreichische Handelsdelegierte, der Kulturattaché, zuletzt der Botschafter, der den Ehrenschutz übernommen hat. Die Portugiesen möchten plötzlich 60 Prozent Zoll für die Einfuhr der Feuerwerkskörper. Dieser Irrsinn

156

157

soll den landeseigenen Feuerwerksfabriken die überlegene ausländische Konkurrenz vom Leibe halten. Ich lache. Es ist mir vollkommen unmöglich, diese Nachricht auch nur eine Sekunde lang ernst zu nehmen. Ich müßte mich auf der Stelle erschießen.

Der Botschafter verspricht, notfalls zum Handels- oder Finanzminister zu gehen (ich besitze auch, Gott sei Dank, in meinem „Letzte-Hilfe-Kasten eines reisenden Österreichers“ noch ein persönliches Schreiben Kreiskys, worin er alle Welt bittet, „dem bedeutenden Künstler André Heller, dessen Wirken sich weit über die Grenzen unseres Landes erstreckt, jede erdenkliche Hilfe zu gewähren“. Wahrscheinlich werde ich von der Protektion unseres Gerade-noch-Bundeskanzlers erstmals Gebrauch machen müssen. Dies wäre zumindest eine geringe Kompensation des Ärgers, den der Verehrte mir und meinen Freunden durch einige seiner politischen Fehlentscheidungen und Justament-Standpunkte gerade in letzter Zeit beschert hat).

19. Mai 1983/Lissabon

Georgs 36. Geburtstag. Die vergangenen drei Tage waren voller Überraschungen. Zunächst das erste Mal seit Menschengedenken Ende Mai Schnee in Portugal. Die lokalen amerikanischen NATO-Meteorologen prophezeien Schreckenswetter für mindestens drei weitere Wochen. Sodann, unvorhergesehen, die Notwendigkeit weiterer Bankgarantien in Höhe von öS 3.600.000,–. (Der ORF zahlt ausschließlich nach Besichtigung des belichteten Materials, also nachdem alles vorbei ist und daher lange nach dem letzten Fälligkeitstermin der Zahlungen an die Metallbauer, Schiffsfirmen, Speditionen und Feuerwerker.) Herr Seigner bürgte heldenhaft für eine Hälfte und verpfändete mangels anderer nicht belehnbarer Werte für die zweite Hälfte meine ganze Person als Werbeträger an die Bank. Ich müßte also im Ernstfall bei meinen Konzerten wie Niki Lauda mit einer Reklamemütze herumlaufen und derlei Peinlichkeiten mehr. Möge der große jüdische Gott mich vor dieser Schmach bewahren.

158

Immer, wenn ich in meiner Naivität das Vorhaben in Sicherheit wähne, holt mich irgendein Hiobsbote ein.

Weiteres Beispiel: Die autonome Hafenbehörde von Lissabon verweigert uns plötzlich die Lagerung der Feuerwerkskörper. Man hat irgendeine Liste aus den fünfziger Jahren gefunden, die besagt, daß Feuerwerkskörper nach Atombomben, Wasserstoffbomben und ähnlichem zum Gefährlichsten zähle. Als weniger gefährlich werden Handgranaten, Brandbomben und Dynamit eingestuft. Einen Zentimeter vom Festland entfernt, auf dem Wasser, dürfen wir lagern. Ich kann mir allerdings kein Lagerschiff leisten, da ich ja bereits einen teuren Hangar für die 11 Tonnen Pyrotechnik gemietet habe. Heute Vormittag kam es zu einer tarockanischen Krisensitzung im Büro des Staatskommissars für Kunst. Vierzehn Männer und zwei Frauen aller denkbaren und vor allem aller undenkbaren Behörden beschworen einander, nichts unversucht zu lassen. Manche sprachen zeitweise in drei Telefone gleichzeitig, lachten zwischendurch wie unter Drogen stehend hysterisch auf, flüsterten dem jeweiligen Nachbarn Geheimnisse ins Ohr, deuteten gegen Plafond und Boden und schlossen die Sitzung schließlich mit der Resolution, „daß Portugal ein leider den anderen Völkern zu wenig bekanntes Land sei“.

Georg und ich bedankten uns stoisch für die beeindruckende Hilfe.

Der hiesige Handelsdelegierte, Dr. Schragl, zog schließlich den Karren meisterlich aus dem Dreck und vereinbarte weitere Vereinbarungen zur Erreichung von Vereinbarungen über Dinge, die eigentlich schon vor Monaten vereinbart schienen.

20. Mai 1983/Lissabon

Pressekonferenz. Etwa dreißig Journalisten, obwohl gestern und vorgestern bereits ganzseitige Artikel und Interviews erschienen sind. Man hat hier ebenso Schwierigkeiten, mich mit dem, was ich bin und mache in irgendeine bekannte Kategorie des Kunstbetriebes einzuordnen wie überall anderswo. „Einer, der Krokodile zu Musiken von Schönberg dressiert", las ich im „Diario Popular" als meine Berufsbezeichnung.

Apropos Musik. Antonio d'Almeida, der im Grunde genommen das ganze Lissaboner Abenteuer ins Rollen gebracht hat, komponierte mir eine sehr witzige und verrückte Acht-Minuten-Feuerwerks-Musik. Ich hörte sie bei einer Probe, die das Portugiesische Philharmonische Orchester unter Leitung eines pepita-gewandeten unerbittlichen Maestros durchführte. Eine berührende Mischung mäßig begabter, aber leidenschaftlicher Musikanten saß da, die mit ihren Gesichtern Zeugnis ablegten für die Verästelungen portugiesischer Politik. Drei geigende australische Ureinwohner aus Timor, eine chinesische Flötistin aus Macao, ein hochgewachsener, durch seine Haarkrause wie eine schwarze Palme wirkender Angolaner, Trompeter und Cellisten aus dem indischen Goa und den Azoren. Zusammengezählt über sechzig Männer und Frauen unterschiedlicher Hautfarben und Religionen, lose geeint durch die Sprache ihrer amtierenden oder ehemaligen Kolonialherren, wesentlicher durch die Liebe zu einer Kunst, die unter anderem aus den getrockneten Därmen von Tieren, die manche von ihnen in ihrer Kindheit auf die Weiden getrieben haben, Bach'sche Fugen hörbar macht.

159

Immer wieder gehe ich allein oder mit Georg zum Praça do Comércio und stelle mich mit dem Rücken zum Tejo-Fluß. Die ganze alte Stadt wirkt hier als barockes Logen-Theater, gekrönt von der Königsloge, der Zitadelle. Von den meisten Häusern aus wird man die Handlung auf dem Fluß ausgezeichnet verfolgen können.

Es wird hierorts das größte Feuer seit dem furchtbaren Erdbeben des Jahres 1755 sein, und die Lissabonner, wie ich hoffe und in der Pressekonferenz sagte, in anderem, positivem Sinn erschüttern.

160

21. Mai 1983/Lissabon

Ich zitiere im folgenden eine kurze Passage, die ich gestern für meinen Roman schrieb, weil sie mir am gültigsten erscheinen will für eine Stimmung, die mich in letzter Zeit häufig gegen Abend gefangennimmt:

Wie trauernd um sich selbst ging er umher. Als wäre er gestorben und gleichzeitig sein einziger liebender Hinterbliebener. „Mein Abhandener" nannte er sich an solchen Tagen und nur dann wünschte er, ein Kind gezeugt zu haben. Etwas, dem man seine gerechten Taten hätte widmen können. Etwas, dem man seine Niederlagen, Irrtümer, Verirrungen und Triumphe wie Schautafeln zur Nutzung übergeben hätte. Etwas, worin man in der Summe seines Fliehens mündete. Etwas, in das man, vor dem endgültigen „Aus", mit der gewaltigen Anstrengung eines genialen Betrügers Wesentliches, dem Tod Gehörendes, noch einmal für eine Spanne ins Leben rettete. Und irgendwie auch der kühne Gedanke, gerade seine Tochter oder sein Sohn könnte der wirkliche Erlöser sein, der Engel der Engel, dem aufgetragen ist, die Hydra der Angst zu vernichten, dessen Flügel zumindest dem eigenen Vater zum Schilde gegen die Hysterien und Verstörungen gereichten.

22. Mai 1983/Lissabon

Die hiesigen Stellen halten nahezu nichts von dem, was sie versprechen. Antonio d'Almeida hilft an Nebenfronten, so gut er kann. Der Botschafter ist liebenswürdig und durchaus ein rot-weiß-roter Fels in der Brandung. Aber alles in allem kann man keinem „Ja" trauen. Auch einem „Nein" nicht. Manche Magistratsbeamte zum Beispiel lügen so, daß nicht einmal das Gegenteil von dem stimmt, was sie sagen. Ich weiß zum

Feuerfigurentwurf von André Heller, 1979

Beispiel nicht, welche Sicherheitsvorkehrungen tatsächlich getroffen werden, um eventuelle Zuschauermassen im Zaum zu halten. Man sagt mir lakonisch, „es ist für alles gesorgt". Ob die Polizei unter „alles" fünfzigtausend oder einhundertfünfzigtausend Besucher versteht, erfahre ich auf gezielte Fragen nicht. Georg rechnet mit achtzigtausend bis einhunderttausend, ich schätze bis zweihunderttausend, das sind etwa doppelt so viele wie bei einem Fußballweltmeisterschaftsfinale, und um diese kontrollieren zu können, würden wir mindestens fünfhundert Ordner benötigen.

Die meisten Lissabonner werden das Feuerwerk wohl von ihren Hausdächern aus betrachten, viele Leute sind ja auch ganz aus der Stadt, da vom 10. Juni an vier Feiertage aufeinander folgen.

23. Mai 1983/Lissabon

Wir haben mit den Feuerwerkskörpern (im Zusammenhang mit Feuerwerk kann mit Körper nur ein Astralleib gemeint sein) endgültig Hafenverbot. Wir werden also fünf Kilometer von der eigentlichen Konstruktionsstelle entfernt auf einer kleinen Halbinsel ein Zelt aufstellen und das Ruggieri-Material darin gut bewacht lagern. Weiters wird täglich mit Lastautos zwischen Zelt und Konstruktionsstelle gependelt werden, um die jeweils benötigten Pyrotechnika montieren zu können. Am Ende der Montagetätigkeit wird dann die gesamte Spreng- und Brandstoffmenge von elf Tonnen doch im Hafen sein, aber auf achtzig mal achtundzwanzig Meter hohe Konstruktionen verteilt. Letzteres haben die Behörden erlauben müssen, da sonst ja außer einer Absage nichts stattfinden hätte können. Das Ganze ist, wie so vieles bei dieser Unternehmung, völlig absurd und natürlich kostspielig.

Einige bessere Nachrichten: In Österreich wurde Friedrich Peter durch unsere gewaltige Inseraten-Protestkampagne im „profil" gezwungen, auf seine Kandidatur als 3. Präsident des Nationalrates zu verzichten. (Die neue Regierung bringt aber immer noch genügend, wofür man sich zumindest mit meiner Haltung zu schämen hat.) Das portugiesische Fernsehen überlegt, „TEATRO DE FOGO" live zu übertragen (sicherlich aufgestachelt von den nicht endenwollenden Zeitungsberichten, die allesamt wie von Freunden geschrieben scheinen).

162,163

Das Wetter hat sich ein wenig zum Erträglichen hin gewandelt. (Nach wie vor frostige Winde, aber häufig wolkenlos.)

Manchmal bleibe ich, wie in Trance, minutenlang mitten auf der Straße stehen. Ein unsichtbarer Lieferant scheint Zittern in mich einzugießen. Ich spüre es zuerst in den Beinen und bald erfüllt es den Bauch, die Arme, die Brust und zuletzt den Kopf. Es fließt über und läßt den Gehsteig wackeln, dann zwinge ich mich atemlos zum Weitergehen, ehe die Häuser und Kirchen in Schwingung geraten, um unweigerlich einzustürzen. Ich weiß nicht, ob das die ganz gewöhnliche Angst ist oder eine Art Nervenrausch. Meinen künstlerischen Sensationen gehen immer körperliche voran. Es ist ähnlich wie bei den Extrem-Bergsteigern, und man hofft vom Gipfel aus, hinter anderen, niedrigeren Gipfeln neues, noch unerforschtes Territorium zu entdecken. Bei den wirklich außerordentlichen Anstrengungen im Schöpferischen war mein Lohn bisher allerdings meistens größer als die beträchtliche Mühe. Ich muß mir das selbst als Durchhalte-Parole zurufen. Auch andere Hausmittel helfen: Von Brassai habe ich heute ein wunderbares Fotobuch gekauft, „The Artists of my life". Bildessays über Bonnard, Matisse, Giacometti, Braque, Picasso, Le Corbusier, Rouault, Léger, Lipschitz u. a.

Ich sehe, wie Matisse 1934 neben einem riesigen, von Dutzenden exotischen Vögeln bewohnten Käfig eine ungnädige Frau aus Ton formt; ich sehe, wie Picasso sich 1939 die Haare mit Brillantine vom linken zum rechten Ohr frisierte, um seine Glatze zu kaschieren; ich sehe die Sgraffiti an Giacomettis Ateliermauer und werde ruhig.

Immer wieder erretten mich die Leistungen (und auch Handbewegungen, Gesichtszüge oder der Dreck am Boden eines Zimmers sind Leistungen) der geliebten vorausgegangenen Erleuchteten.

Ich bin ein schillerndes, verwunschenes Capriolen-Schwein (genau wie mich Arnulf Rainer gemalt hat), das im magischen Schutt der Erleuchteten wühlt, um sich damit den Bauch vollzuschlagen. Alle Künstler, die mich interessieren, waren manische Menschenfresser, aus jedem ihrer wesentlichen Werke schimmert dem Wissenden all der gierig verschlungene Vorgängerschutt entgegen. Ja, vielleicht gibt es zu jeder Zeit,

164,165,166

167, Eröffnung

168, Glühkaleidoskop

169, Der Ausbruch des großen Vulkans

170,171,172

für jede Sparte der Kunst überhaupt, und seit jeher nur einen einzigen wahren Künstler, der alles vorherige in sich zusammenfaßt und weiterentwickelt. Malraux berichtet im „Haupt aus Obsidian", daß Picasso an so etwas wie einen Ewigen Juden der Kunst geglaubt hat, den er den „Kleinen Mann" taufte.

24. Mai 1983/Lissabon

Es bleibt kaum mehr Zeit für Notizen. (Wie wirklich beschäftigte Menschen Tagebücher verfassen, ist mir rätselhaft.) Das meiste will man auch nicht erinnern, sondern vergessen. Die täglich sechzehnstündigen Behinderungen durch Vorschriften und Nachschriften, schwankendes Wetter, radikale Verteuerungen und radikale Ignoranz.

Ich habe mittlerweile bereits alles, was mir in sechsunddreißig Jahren meines Lebens an Hab und Gut, Kraft und Erfahrung geblieben ist, in den Rachen dieses Projekt-Monsters geworfen. Alles!!!

25. Mai 1983/Lissabon

Heute wurde endlich mit dem Gerüstbau begonnen. Sofort waren Georg und ich in unserem Vorurteil bestätigt, daß sich kaum ein Mensch ein Bild davon machen kann, was dreißig Meter Höhe und achtzig Meter Länge tatsächlich bedeuten. Ehe man es nicht sieht, glaubt man es nicht. Insgesamt, mit den vier Booten, ist die reine Hintersetzer-Konstruktion etwa so groß und ausladend wie das österreichische Parlament an der Ringstraße. Wir errichten so etwas in sieben Tagen.

(Als einen der Aspekte dieser Arbeit will ich den Versuch unternehmen, die, wie so vieles andere, von Diktaturen zerstörte Ehre des „Gigantischen" wiederherzustellen. Nicht nur der Umstand des ständigen geschickten Einsatzes monumentaler künstlerischer Wirkungen durch beispielsweise die NSDAP oder die Stalinisten, sondern auch die häufige Nicht-Qualität eben dieser Wirkungen hat das Gigantische in Verruf gebracht. Arbeiten ab einer bestimmten Dimension gelten seit damals bestenfalls als Hollywood-Ben-Hur-Kunst. Auch Christo hat große Schwierigkeiten, für seine Projekte den gleichen oder ähnlichen Respekt zu ernten, wie etwa Chereau für die Inszenierung eines Kammerspieles.

Gegenüber der Natur gestatten wir

uns solche Aggressionen keinesfalls. Niemand würde auf die Idee kommen, den Chimborasso für wertloser als eine Lilie zu halten, aber die Natur wurde Gott sei Dank auch zu keinem Zeitpunkt von größenwahnsinnigen Nippes-Kleinstbürgern wie Arno Breker geschaffen. Ich halte und hielt übrigens auch Speer immer für einen besonders schlechten Architekten. Seine Zeichnungen, Pläne und Ausführungen zeigen meist nichts, außer einer Fähigkeit zu großzügiger Flächennutzung und Sehnsucht, Menschen mit Gebäuden einzuschüchtern. Meine diesbezügliche Hauptassoziation von jeher war seltsamerweise: Kathedralen des Mundgeruchs.)

26. Mai 1983/Lissabon

Ich träume in letzter Zeit häufig von Zwillingen, Spiegelungen und anderen Verdoppelungen. Unterschiedliche Figuren sprechen dasselbe Wort gleichzeitig aus, mit dem gleichen Gesichtsausdruck, unterstrichen von der gleichen Handbewegung. Ich hatte 1972 im wirklichen Leben genau so ein Erlebnis. Es war während eines Gespräches mit Henry Miller vor dem Kamin seines Arbeitszimmers in Pacific Palisades. Wir sagten beide zur gleichen Zeit das Wort „humble", grinsten und ballten auf merkwürdige Art die Fäuste, als hätten wir eine neue Haltung für wütende Gebete gefunden. Genau in diesem Augenblick fotografierte uns die Pluhar. Es gibt keine Zufälle.

Im Lied „Der Zauberer ist tot" nannte ich mich „Spiegelnarr". Im Lied „Der Mikado" heißt es:

„Seht, dort schreitet der Mikado,
gleitet fast, als lief er Eis,
durch die Spiegel, durch die Lüfte,
bis er sagen kann:
Ich weiß."

In „Flic Flac" gab es einen Zwischenvorhang von Walter Navratil, der einen die Zunge herausstreckenden Mann mit dem Rücken zu einem Spiegel stehend zeigte, und die ganze Begebenheit war nebeneinander abziehbildhaft vervierfacht. In der darauffolgenden Szene agierten Zwillingsnonnen, um alsbald von bekränzten Zwillingen in weißen Erstkommunionskleidchen abgelöst zu werden.

In meiner Fernseh-Show (1978) „Die wahren Abenteuer sind im Kopf" trat ich als linke Hälfte eines an den Hüften zusammengewachsenen siamesischen Zwillingspaares auf, deren einer (ich) jung schien, während der andere vergreist war. (Drei Jahre später, am 3. Jänner 1981, sahen Bambi, Susanne, Hubert und ich in Manila echte, an der Hüfte zusammengewachsene, etwa sechzehnjährige siamesische Zwillinge, die in einer Jahrmarktbude zur Schau gestellt wurden.)

Für die Weltausstellung der Phantasie, die ich 1977 für das Münchner Olympiagelände konzipierte, und die nach dem Wechsel des dortigen Bürgermeisterstuhles von der SPD zur CDU vom neugewählten Erich Kiesel mit einer Lügen- und Provinzposse ohnegleichen verhindert wurde, entwarf ich Spiegel-Gärten, Spiegel-Labyrinthe und Spiegel-Kabinette, in denen unausgesetzt von Canetti selbst gelesene Passagen aus seiner „Komödie der Eitelkeit" zu hören gewesen wären. In dem Film „Wer war André Heller?" aus dem Jahre 1972, wird am Ende von Wissenschaftlern ein Heller-Duplikat gezüchtet und in die Welt gesandt, um die Früchte meines Ruhmes zu ernten.

Mir fällt heute zum ersten Mal auf, welch ein Dauerthema diese mensch- oder ding-gewordenen Rorschachkleckse in meinem Leben darstellen.

Beim Feuertheater wird durch das Wasser alles verdoppelt, und bei dem frühen Plan, die Sahara hiefür als Schauplatz zu wählen, hätte ich sogar einige Hektar Land mit Spiegelfolien bedeckt.

Der Fluß antwortet laut Oscar Wilde auf die Behauptung der Blumen, daß er um die Schönheit Narziß' am besten Bescheid wisse, da dieser sich häufig in ihm gespiegelt hätte:

„Ich aber liebte den Narziß, wenn er an meinem Ufer lag und auf mich niederschaute, denn in dem Spiegel seiner Augen sah ich immer meine eigene Schönheit."

173, Heller mit Henry Miller, 1972

Ich fürchte, so geht es mit den meisten Liebesgeschichten.

27. Mai 1983/Flug nach Wien via Zürich

Es langweilt mich, über die fortdauernden Schwierigkeiten zu schreiben. Es gibt sie und wir bewältigen sie oder werden sie bewältigen.

Nachts gehe ich mit Georg manchmal in eine der wunderlichen Revuen, die in gewissen, an vergilbte Muttertagsbonbonnieren erinnernde Theatern gezeigt werden. Alte schamlose Damen steigen

174, Raimundgloriole

Feuerskulpturenkonstruktionszeichnung von André Heller

darin singend aus Pappmaché-Muscheln und fächeln mit mottenzerfressenen Straußenfedern zum Rhythmus eines von der Hammondorgel dominierten Orchesters. Manchmal fallen vom Schnürboden irrtümlich mitten in eine herzergreifende Szene Kulissenteile aus späteren Bildern. Anämischen, als Kalifen gewandeten Tänzern mißglücken die einfachsten Schritte zu atemberaubenden Marx-Brothers-Szenen. Es ist noch großartiger als im Wiener Raimundtheater, wo ich die bisher reichste Befriedigung meiner Wollust auf Schmiere und Tragikomik fand. Heutzutage, wo jedes Drecksnest Weltstadt-hochstapelt, wo sich jeder nebochantische Lokalpolitiker „Staatsmann“ nennen läßt, verbeuge ich mich vor eingestandener selbstbewußter Striesescher Provinzialität. Wieviel liebenswerter ist diese, als jene durch Phrasen und Gebärden hilflos kaschierte, die sich beispielsweise das Burgtheater oder das österreichische Parlament en suite leisten.

28. Mai 1983/Wien

Ich mußte nach Wien, um weitere Lebensversicherungen als Beruhigung für die Bank zu unterschreiben.

Außerdem präsentiert EMI meine neue Langspielplatte „Stimmenhören“, und führt die gleichnamige neunzigminütige Lieder-Inventur des ORF vor, die ich im April mit Ernst Grandits gedreht habe. Es ist mir beinahe unmöglich, mich plötzlich mit dieser Platte zu beschäftigen.

29. Mai 1983/Wien

Sehr merkwürdig: Ein Österreich ohne Kanzler Kreisky. Etwa drei Wochen vor der Wahl habe ich ihn mit Peter Turrini das letzte Mal in seinem Büro am Ballhausplatz besucht. Wir wollten etwas betreffend Josef Cap besprechen. Er hielt uns aber zunächst einen seiner berühmten, amüsanten und klugen Stegreif-Vorträge zur weltpolitischen Gesamtsituation unter besonderer Berücksichtigung friedens- und liberalitätsgefährdender Einflüsse. Er versucht dann immer, einem rasch das Gefühl zu vermitteln, man wäre erlesener Komplize staatstragender Entscheidungen und ich bezweifle nicht, daß manche seiner unerfahreneren Gesprächspartner unter der Last vermeintlich exklusiver Informationen geheimster Kommandosachen des Kremls, des Weißen Hauses oder des Hauses Österreich („das sage ich aber jetzt nur Ihnen, nicht wahr, und das muß auch unter uns bleiben, ja, ja?!") schweißüberströmt auf die Straße wanken. Diese Eroberungspolitik des liebessüchtigen alten Herrn ist nicht ungeschickt. Kreisky war immer ein kostbarer Restposten des alten, größeren Österreichs und unser wirkliches Österreich schien durch ihn etwas größer und politisch bedeutender. Wie eine Lupe lag er über dem Land. Nach seinem Abgang erschrecken nun manche über die tatsächliche Kleinheit unserer Heimat.

30. Mai 1983/Wien

Wieder eines der figurativen Probe-Feuerwerke in Sollenau bei Ing. Pokorny, dem Generalsekretär der Internationalen Pyrotechnischen Organisation, unter Mitwirkung des unverwüstlichen Herrn Graef. Erich Lessing fotografierte.

Ich habe inzwischen von Ruggieri eine Liste, die mir die Helligkeits- und Lärmwerte jeder einzelnen Handlungssekunde ebenso anzeigt, wie die metergenauen Dimensionen jeder einzelnen Zündung. Das Filmen und Fotografieren bekommt dadurch etwas weniger Ritt-über-den-Bodensee-Charakter. Apropos Bodensee: Die Bregenzer Festspiele wollen die für 1984 vorgesehene große Wasserrevue, an der ich mit Helmut Ruge schrieb, auf 1985 verschieben. Das Problem scheint die Finanzierung zu sein. Ich bin sehr verärgert. Mein ganzes Team hat alles andere für 1984 in Frage Kommende bereits vor Monaten auf dringende Bitten des Bregenzer Präsidenten zurückgestellt oder abgesagt, um einen notwendigen Wandel der seit Jahr-

175,176,177, Punktfeuerkonstruktionen

178, Seeschlacht

zehnten in bemerkenswerter künstlerischer Anspruchslosigkeit versumpfenden Seespiele zu erarbeiten, und jetzt wird ohne angebotene Entschädigung umdisponiert. Es ist wieder einmal ein Monument meiner Unfähigkeit, mir mich beschützende Verträge auszuhandeln. Ich glaube nicht, daß ich das Angebot für 1985 akzeptieren werde. Es muß dann einfach zu spät für diese Art von Spektakel sein, andere werden schon früher eine Revue inszeniert haben. Es liegt seit „Roncalli" logisch in der Luft. Als mein Zaubertheater „Mysterium Cagliostro" 1976, nach monatelanger aufwendigster Vorbereitung, von dem steinreichen Finanzier wegen seiner bedauerlichen Unfähigkeit, an meinen Plan zu glauben, fallengelassen wurde, begann ein halbes Jahr darauf eine Truppe in San Francisco mit der viel konventionelleren Idee eines „Magicals" eine umjubelte Amerika-Tournee, die schließlich jahrelang am Broadway vor ausverkauftem Haus gastierte.

Vier Jahre später noch füllte der Zauberer Marvelli mühelos in Europa die Zelte, mit einem Programm, das an Einfällen alles zu wünschen übrig ließ. So triumphierte und kassierte zum tausendsten Mal die zweite und dritte Garnitur, weil man die erste am Arbeiten hinderte.

Es liegt auch daran, daß sich das kunstsensorische Mittel- und Schandmaß, zu dem die gewaltige Mehrheit reicher und über den Einsatz von Geldmitteln entscheidender Leute zählt, am liebsten mit seinesgleichen verbündet, da es Sehnsucht nach Kameradierie und Verbrüderung hat. Ich entschied diesbezüglich schon 1967 unwiderruflich: man sollte sich die Schultern amputieren lassen, damit einem niemand mehr darauf klopfen kann. Viele Kunstbetriebler (Künstler würde ich sie nicht nennen) stellen sich als Dekorations- und Konversationsautomaten bei neu- und altreichen Fütterungen und Zeittotschlägereien zur Verfügung. Sie degenerieren folgerichtig zu Ärmelschonern des Establishments, sichern sich dadurch zwar eine gewisse Mindestversorgung, sind aber in Wirklichkeit tot und begraben. Es hat etwas von der Absurdität eines Handelsvertrages, der besagt: Du darfst überleben, aber um den Preis deines Lebens. Ich kenne die Augen derer auswendig, die einem nicht verzeihen, daß man sich nicht ebenso verraten und verkauft hat. Ein anderes Kapitel ist diese schreckliche Faszination, die hohe Politik und das große Geld auch auf intelligente, begabte, ja häufig sogar geniale schöpferische Köpfe ausübt. Die Rührung, die gewisse kluge Schriftsteller überfällt, wenn seelische Analphabeten, die es nicht zuletzt

179, Der Krieg zwischen Gewalt und Haß

180, Der Haß gibt sich zu erkennen

deswegen zum Staatsoberhaupt oder Ministerpräsidenten gebracht haben, sie lässig zum Meinungsrapport bitten. Das Geschwafel von historischem Hauch, wenn ein Kirchen-Franz-Josef-Strauß wie der derzeitige Polenpapst sich, im Rahmen einer etwas exklusiveren Gläubigenbefriedigung, huldvoll mit einer Anekdote unvergeßlich zu machen sucht.

Diese Maschinerie hochrangiger Korrumpierungen durch Vertraulichkeiten und verbale Zwinkereien, mittels derer sich Riesen vor Zwergen auf die Knie werfen, um dann immer nachträglich zu behaupten, sie hätten dies nur aus Höflichkeit getan, um den Zwergen beim Reden in die Augen sehen zu können.

Dieser unerschütterliche Glaube an die äußeren Insignien der Macht, als ob zwei Zeilen von Franz Kafka nicht in jedem Fall bedeutungsvoller wären als das Lebenswerk von Ronald Reagan oder dieser vertrottelten Frisurenpuppe Margaret Thatcher. Zu diesem Thema gibt es übrigens eine bemerkenswerte Briefstelle Ludwig van Beethovens:

„Könige und Fürsten können wohl Professoren machen und Geheimräte, und Titel und Ordensbänder umhängen, aber große Menschen können sie nicht machen, Geister, die über das Weltgeschmeiß hervorragen, das müssen sie wohl bleiben lassen zu machen, und damit muß man sie in Respekt haben, – wenn so zwei zusammenkommen wie ich und der Goethe, da müssen diese großen Herren merken, was bei unsereinem als groß gelten kann. – Wir begegneten gestern auf dem Heimweg der ganzen kaiserlichen Familie, wir sahen sie von weitem kommen, und der Goethe machte sich von meinem Arme los, um sich an die Seite zu stellen, ich mochte sagen, was ich wollte, ich konnte ihn keinen Schritt weiter bringen; – ich drückte meinen Hut auf den Kopf, knöpfte meinen Überrock zu und ging mit untergeschlagenen Armen mitten durch den dicksten Haufen – Fürsten und Schranzen haben Spalier gemacht, der Herzog Rudolf hat mir den Hut gezogen, die Frau Kaiserin hat gegrüßt, zuerst. – Die Herrschaften kennen mich. – Ich sah zu meinem wahren Spaß die Prozession an Goethe vorbeidefilieren – er stand mit abgezogenem Hut, tief gebückt, an der Seite. – Dann habe ich ihm den Kopf gewaschen."

Im Zweifel also für Beethoven!

181, Auf Sand gelagerte Raketen und Punktfeuer

182, Prozessionskutter

1. Juni 1983/Wien

Proben beim ORF. Aus Platten-Promotion-Gründen habe ich vor Monaten zugesagt, im Rahmen der TV-Sendung „Liederzirkus" bei einem sogenannten „Internationalen Chansonfest" der Wiener Festwochen mitzuwirken. Dies war ein schwerer, unverzeihlicher Fehler. Ich möchte und sollte jetzt dringend in Lissabon sein. Mir bereiten alle diese freundlichen Sänger und Sängerinnen in ihrer anspruchsvollen Harmlosigkeit Magenschmerzen. Lediglich Conny Wecker ist wie immer eine vitale Ausnahme. Nachts feiern wir noch lange seinen Geburtstag. Er spielt grandios Klavier und brüllt dazu Bayrisches. Danzer ist dabei, Pepi Cap, Vivi Eickelberg, Johanna Dohnal, Marie, und eine Menge anderer. Ich habe sie alle sehr lieb. Es ist ein bißchen wie Mitte der sechziger Jahre: schweißüberströmte Rotzbubenstimmung. Zuletzt wage sogar ich mich ans Klavier und singe „Tsen Brider".

183, Der Mittelteil der Hauptkonstruktion

2. Juni 1983/Wien

Fronleichnam. Immer ist es so, wie ich es für den Roman notiert habe:

Die Zweige am Gassenrand sind biegsam. Ein schöner Fund für den Sucher nach Wünschelruten. Eine Aufforderung an Buben, mit dem Taschenmesser Schleudern zurechtzuschneiden. Im Vormittag ist Schnarren von fliegenden Käfern, Klappern von Ventilen der Blasmusik, Schleifen von Schuhen und Feiergewändern, Dreiklang von Handglokken. Je jünger die Mitwirkenden der Prozession, desto zeitversetzter in Vergangenes sehe ich sie. Kinder wie Tuchhändler aus josephinischen Gewölben, wie gesottene Schnepfen bei Hofe. Sie glauben an den Willen, der im Himmel geschehe wie auf Erden. Die Älteren sind ratloser. Wer warten kann, wird alles versäumen, wer ungeduldig ist, hat nichts zu erwarten. Fronleichnam – und über allem der bittere Hopfengeschmack der nahen Brauerei. Aus Schornsteinen niederer Häuser letzter Heizungsrauch vor dem stattgegebenen Sommer: „Es sei noch niemals gehört worden, daß Du jemanden verlassen hättest, der um Deine

184

185

186

187. Die Furie des Lärms beobachtet den Engel Niemandsland

Fürbitte Dich anrief, der zu Dir seine Zuflucht nahm", beten Kopftuchverhüllte zur unbefleckten Madonna – und Regen, wie Schatten von Regen, schafft am Horizont ein Ereignis.

Nichts muß begreiflicher tot sein als verstorbene Ministranten. Schon wenn sie, wie jetzt, den seidenen Himmel tragen, wirken sie dem Fegefeuer entliehen. Der Pfarrer, als kurzatmiges Postament der Frömmigkeit, ist fleischgebliebener Devotionalienkitsch. (Häufig halte ich Gott für einen leidenschaftlichen Sammler ohne großen Geschmack.)

Unweit sind Teiche. Manchmal zeichnen maronibraune Wasserschlangen Mäander in den Uferschlamm, die Zuschauer schreien dann auf und sehen die goldgeschmiedete Natter am Stiel der Monstranz mit anderen Augen. An der zur Unkenntlichkeit verwunschenen Grenze zwischen Wahn und Wirklichkeit, im Schotter, im Haarknoten, im gemalten Buchstaben über der Drogerie warten die, deren Vaterland die Rätsel sind und die man Cherubim oder „Vendedor de Milagros" nennt.

3. Juni 1983/Wien

Aufzeichnung des „Liederzirkus": besonders Juliette Greco in ihrer aalglatten Abziehbild-Professionalität, jede Handbewegung seit dreißig Jahren bei jedem Liedchen gleich, ist eine harte Warnung vor zur Routine verkommener Qualität. Mich freuen an solchen Sendungen nur die Pannen, deren peinlichste mir allerdings diesmal die Tatsache meiner Mitwirkung erscheint.

6. Juni 1983

Seit zwei Tagen endlich wieder zurück. Annette und Marie sind mitgekommen. Gestern traf auch Seigner mit Frau ein. Heute der gute, strahlende Matthias und Rainer Fabian vom „Stern". Er ist sichtlich gezeichnet von der Hitler-Tagebücherei, in deren Verlauf er einer der Hauptvertrauensleute der wehrhaften Redakteure wurde. Diese in ihrer Plumpheit vielen unverständliche Fälschungsgeschichte scheint mir als Beleg einer weitverbreiteten Haltung durchaus erklärbar:

1. Was teuer ist, muß gut und echt sein (großmannsüchtige Nadelstreifler aus Gütersloh sind wahrscheinlich von allen potentiellen Opfern für diese Art von Plünderung die geeignetsten. Man stelle sich vor, abends bei „nouvelle cuisine" im Gasthaus „Zum Bären" zu sitzen und die etwas verquollene Apothekersfrau am Tisch schräg gegenüber ahnt nicht, daß man ein zehn Millionen DM teures Geheimnis hat, ach Gottchen!).

2. Hitler hat man allzeit eine Chance zur Retusche seiner Blutspur zu geben, um vielleicht dadurch doch noch ein wenig Aasgeruch aus Deutschland abzuleiten. (Man höre mein „Tulio"-Lied. Man lasse es zumindest jeden deutschen Verlagsleiter und Chefredakteur auswendig lernen.)

Ich fuhr noch vorgestern Nacht zu den Gerüsten, besprach mit Georg alle Probleme und bin einigermaßen beruhigt. Derzeit arbeiten etwa 60 Leute 14 Stunden pro Tag, und wir sind nur geringfügig, durch zu kleine Kräne, in Verzug. Das Wetter scheint sich zu bessern. Falsch. Während ich das schreibe, fängt es zu regnen an. Komm, Regen, regne dich aus. Fünf Tage stelle ich dir noch zur Verfügung, dann mach mir Platz.

7. Juni 1983

Es sind jetzt bereits Dutzende ausländische Journalisten hier. Bei Verwirklichungen in dieser produktionstechnischen und finanziellen Größenordnung braucht man die Medien als Verbündete oder zumindest als lautstarke Feinde.

188

189

Auf alle Fälle will ich Leidenschaft um meine Arbeit und Person. Erstens, weil es mir gerechtfertigt erscheint, und zweitens erhöht es die Wahrscheinlichkeit, auch in Zukunft Außergewöhnliches finanzieren zu können. Es ist und war mir stets völlig unmöglich, mich bei Journalisten anzubiedern. Ich kann nur den Ernstzunehmenden unter ihnen das Gefühl vermitteln, daß ich sie ernst nehme, doch entweder sie begreifen, wie wesentlich meine Versuche auch für ihr eigenes Leben sein können, oder sie begreifen es nicht. Zwischen klugem Kritiker und Künstler gibt es ganz klare Aufgabenteilungen, die beide Seiten liebend respektieren sollten.

Feind oder Freund – beide haben meine Sympathie. Lediglich Gleichgültige wären unerträglich. Solchen bin ich aber, in aller Eitelkeit sei es vermerkt, in bezug auf meine Person noch nie begegnet.

Auf dem Rossio und der Avenida da Liberdade fand heute Abend ein an Verrücktheit kaum zu übertreffendes Schauspiel statt. Dutzende aufwendigst und prächtigst gewandete Blaskapellen, Ziehharmonika-Orchester, Trommlerzüge und Volkstanzgruppen aus allen Teilen des Landes marschierten stundenlang, von der Bevölkerung geradezu demonstrativ ignoriert, in ununterbrochenem Wolkenbruch im Kreis. Die Märsche, Polkas und Walzer vermischten sich zu einer Art Ausrufung des Jüngsten Gerichts. Kastagnettengeklapper wetteiferte mit Hagelschüben, Tschinellenschlagen mit Donner. Wo jeder halbwegs vernünftige Mensch rannte, um der Sintflut zu entkommen, hoben die Musikanten und Tänzer, mit Wasser vollgesogen wie Badeschwämme, in militärischem Zeitlupen-Gleichschritt Beine und Arme, als wären sie in Trance. Zuletzt vermeinte man, die ganze Prozession wäre ein unverzichtbarer Teil des Regens und ohne diesen gar nicht denkbar.

8. Juni 1983/Lissabon

Mein alter Freund Gerard Vandenberg ist mit seinen 10 Mitarbeitern dabei, unsere Arbeit für das Fernsehen zu dokumentieren. Er hat einen ähnlich selbstverständlichen Verrücktheitsgrad wie ich.

Durchführender Produzent des Filmes ist Peter Pochlatko, der bis zu Seigners segensreichem Auftritt außer Georg

190, Mario Coelho, Pierre Casamayor, Georg Resetschnig, André Heller

mein einziger Mitstreiter war. Wir befinden uns jetzt bereits in jener Art von – auf begrenzte Zeit durchaus angenehmer – Non-Stop-Turbulenz, die mich in höchste Konzentration und Reaktionsgeschwindigkeit versetzt. Ich öffne Energie- und Willensschleusen, die selbst für mir wirklich Nahestehende verblüffend zu sein scheinen. Ich rechne dies den mir vom Schöpfer zur nützlichen Anwendung meiner Begabung bereitgestellten Werkzeugen zu. Kaum Schlaf, wenig Essen und Trinken und doch beinahe eine Sehnsucht nach noch größerer Belastung. Eine Herausforderung eines gefährlichen Engels könnte es allerdings auch sein.

Spätnachmittags und nachts bis zu sieben Stunden ununterbrochener Interviews für Rundfunk-, Fernseh- und Zeitungsjournalisten. Davor für meine Verhältnisse sehr harte körperliche Arbeit an den Docks und auf den Schiffen bei mittlerweile glühendster Hitze. Überredungsorgien, Arbeiter zu weiteren Überstunden zu bringen, sehende Amtsorgane blind für unsere unzähligen Übertretungen zu machen, und vor allem das Ausdenken immer neuer Übertretungen, die offenbar als einziger das Stattfinden des

191, Die RaimundglorioIen mit Leonardos Mensch

192, Maries Bukett

193, Die jonglierende Phantasie

Feuertheaters in diesem merkwürdigen Land gewährleisten können.

Gestern abend hatte Syberberg, der hier, wie beinahe überall außerhalb Deutschlands, genau das ist, was die Redakteure eine Kultfigur nennen, im Rahmen des opulent organisierten Gulbenkian-Musik-Festivals eine feierliche Aufführung seines „Parsifal"-Filmes. Am Ende, nachdem das Publikum bereits fünf Stunden angespannt gearbeitet hatte, brachte es dem Regisseur minutenlange Ovationen dar.

Er verbeugte sich sehr rührend und scheu, bat schließlich um Ruhe, um lediglich auf englisch zu sagen, daß er sich freue, daß ich, der als Hauptdarsteller in seinem Hitler-Film mitgewirkt hatte, am kommenden Samstag vor Ort ein Feuerkunstwerk in Szene setzen werde und daß er alle bitte, sich dieses unbedingt anzusehen. Darauf begann das Auditorium, mir zu applaudieren. Ich erhob mich verwirrt und mit blutrotem Kopf, beschämt, daß gerade Syberberg, den doch alle Welt, und bis zu einem gewissen Grad auch ich, stets für eine monomanische Primadonna gehalten hatte, an seinem persönlichen Ehrenabend etwas so wunderbar Selbstloses und freundschaftlich Liebes tun konnte. Ich bezweifle, daß ich in einer ähnlichen Situation die gleiche Größe gezeigt hätte. Eines aus vielem, das ich noch zu lernen habe.

194, Teilansicht des Narrenschiffs

9. Juni 1983/Lissabon

Es wird für manche, und durchaus nicht nur Böswillige, schwer sein zu begreifen, was ich an all dem, was mich hier bewegt und was ich hier bewege, für so überaus wichtig halte. Ich würde, wenn ich Zweiflern begegnete, versuchen zu erklären, welch hohen Rang Feuerwerk einstmals in der Kunstgeschichte innehatte. Am schnellsten und besten könnte man das mit dem Artikel bewirken, den Fritz Rummler als Ergebnis seines Lissabon-Besuches vor 14 Tagen im jüngsten „Spiegel" veröffentlicht hat. Darin heißt es unter anderem:

„Tatsächlich legt Heller die belebende Lunte an eine Kunstform, die im Europa des Barock ebenbürtig neben Theater, Oper und Architektur rangierte und Dramaturgie und Ästhetik aus ihnen bezog; ‚Dramma di fuoco' war ein geflügeltes Wort.

Als Kindbett der friedlichen abend-

195, Hans Jürgen Syberberg mit Heller im Juli 1983

ländischen Feuer-Artistik gilt Italien, Florenz vor allem; die ältesten Zeugnisse reichen bis ins frühe 15. Jahrhundert. An den Fürstenhöfen und königlichen Residenzen entfaltete sich der teure Spaß dann zu voller Pracht.

Meister ihres Fachs schrieben Regel- und Regie-Bücher; mythologische, religiöse und moralische Sujets wurden illuminiert, durch Pantomimen oder brennende Figuren verdeutlicht; Architekten schufen dafür pompöse Panoramen. Der Effekt verdoppelte sich durch Spiegelung, wenn der Zauber auf Schiffen hochging."

Nachts um 1 Uhr mußten wir noch einmal auf die Docks. Der Esso-Konzern verbietet uns unter Anrufung der Polizei die Benützung eines bestimmten Landungssteges, da darunter eine Leitung mit brennbaren Chemikalien fließt, die durch unsere Explosiva gefährdet scheint. Nur über diesen Steg aber können wir bei Ebbe die Schiffe beladen, da

196, Die Spiegelbasilisken

197, Hochziehen des linken Spiegelbasilisken

198,199,200, Wasserirrlichter

201, Die Blumen des Bösen

202, Blick vom Kastell auf den Praça do Comérico und die Feuerwerksbühne

203, Im Bauch des Mittelschiffs

204, Teilansicht des Mittelschiffs und Vulkanschiffs

sie wegen des niedrigen Wasserstandes bei Ebbe zweimal täglich für einige kostbare Arbeitsstunden von der Kaimauer abgezogen werden müssen. Nach langen, aufgeregten Diskussionen beschließen wir, mit zusätzlichen Arbeitskräften morgen früh bei Flut die Holz-Groß-Konstruktionen auf die Schiffe zu hieven und während der unaufschiebbaren einstündigen Fahrt zur endgültigen Ankerstelle vor dem Praça do Comércio daran zu arbeiten, sie an den Metallgerüsten zu fixieren. Wenn wir es innerhalb der Flutzeit nicht schaffen sollten, ist mein ganzes Unternehmen gescheitert, da wir das wahnwitzige, aus Kostengründen akzeptierte Risiko, die drei großen Schiffe lediglich 24 Stunden vor dem unmittelbaren Beginn des Spektakels in Bühnenposition zu bringen, um absolut nichts erhöhen dürfen.

Ich bete, daß der gewaltige Zug der Aus- und Einwärtsströmung von den Spezialisten richtig berechnet wurde. Nach deren Voraussage richtet sich die Art der komplizierten Verankerung bzw. die Lage der Ankerbojen, an denen die Schiffe vertaut werden. Zusätzlich zu Georg und Seigner hat sich vor allem Rainer Fabian als leidenschaftlicher neuer Freund erwiesen. Er bringt ständig Vorschläge und Lösungen ein, arbeitet körperlich, als wäre er von Anfang an als Ehrenberserker im Team gewesen. Ich hoffe, ihm das einmal danken zu können. Am Nachmittag, ich notiere hier nur das Wesentlichste, versuche ich, den Leiter der Städt. Elektrizitätswerke von seinem geisteskranken Unterfangen abzubringen, während des Spektakels die Straßen- und Kaibeleuchtung am Comércio eingeschaltet zu lassen. „Der Präsident und das diplomatische Korps müssen vor Attentätern geschützt werden. Die Polizei muß den Platz jederzeit überblicken und kontrollieren können", sagte er. Der Oberfeuerer von Ruggieri bekam zu Recht einen minutenlangen Schreikrampf. Ich antwortete mit meiner in solchen Situationen berüchtigten, sehr leisen und langsamen Stimme: „Unser einziger Würdenträger ist die Qualität meines Kunstwerkes und für ein Feuertheater, dessen Zuschauer von Scheinwerfern geblendet werden, opfere ich nicht Kraft und Geld. Wenn Sie nicht innerhalb von fünf Minuten entscheiden, daß morgen nacht das ganze Areal verdunkelt ist, lade ich Ihren Präsidenten samt Anhang auf

Feuerwerk auf dem Praça do Comérico im Jahre 1793

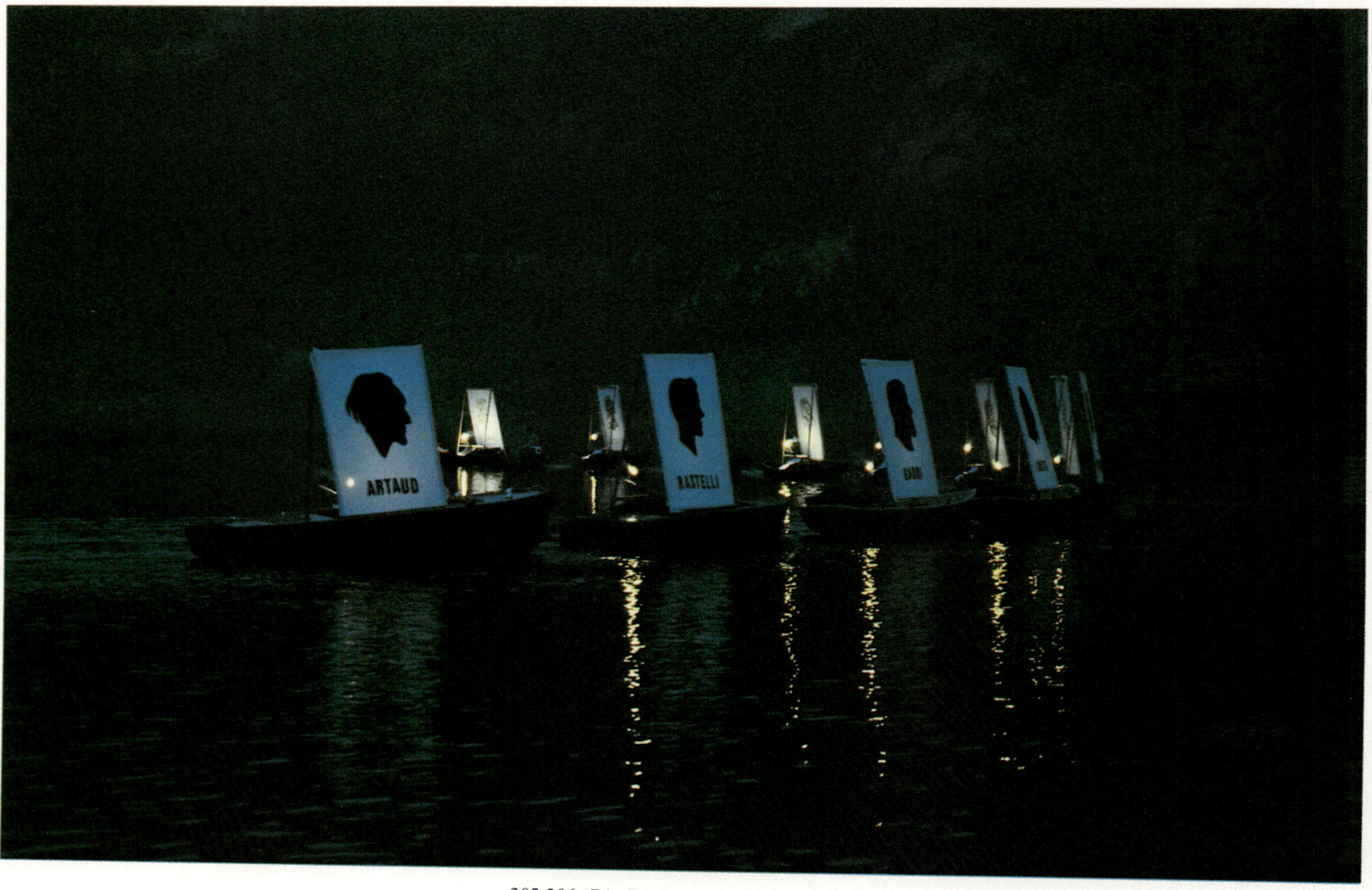

205,206, Die Prozession der Erleuchteten

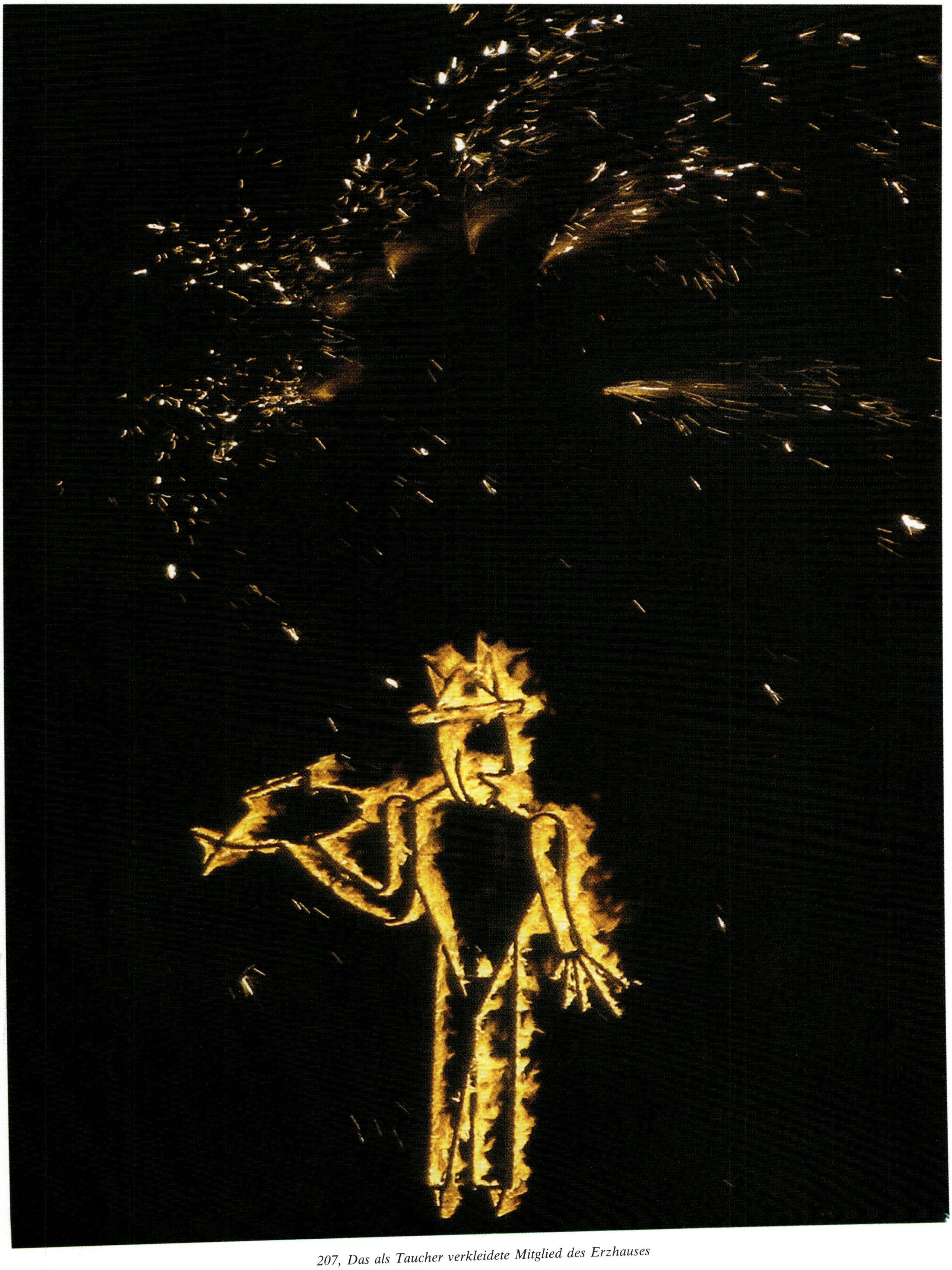

207, Das als Taucher verkleidete Mitglied des Erzhauses

das Unhöflichste wieder aus.“
Das half, und der Herr Direktor entschied über den Kopf der Polizei hinweg gemäß unseren Notwendigkeiten. „Ich drehe den Strom einfach ab und während der 40 Minuten, die uns dann die Polizei wegen der Finsternis beschimpft, werden wir verzweifelt versuchen, die Ursache des Lichtausfalls zu finden.“ Das ist endlich wieder einmal das wienerische Portugal, das ich liebe. (Im allerernstesten Fall wollte Seigner – und ich schwöre, er hätte es getan – mit einer Pistole die einzelnen Lampen zerschießen.)

Georg ist krank, er hat hohes Fieber gehabt und seinen Körper mit Injektionen fitbluffen lassen. Er und ich, wir spüren und hören, ähnlich sehr erfahrenen Musikern, die leisesten Zwischentöne des anderen und reagieren auch darauf. Es muß kaum etwas gesprochen werden und auf eine mir sehr liebe altmodische Weise wirken wir, glaube ich, wie zwei noble, elegante Herren, die unterwegs in ein Karlsbad der Jahrhundertwende sind, um sich unter dem Vorwand einer Kur den unglaublichsten Ausschweifungen hinzugeben.

208, Journalisten umkreisen die Feuertheaterbühne

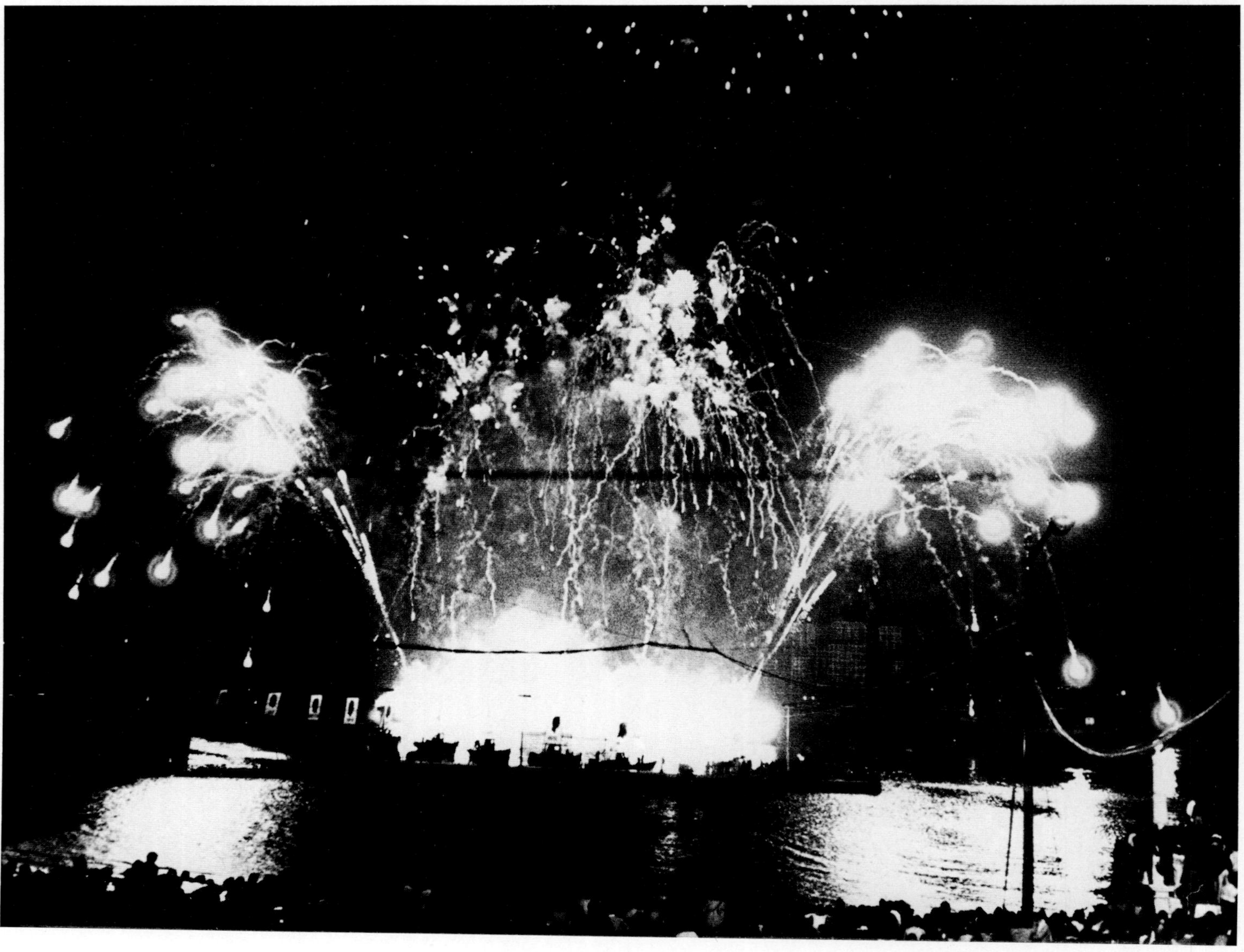
209, Die zweite Anrufung der Phantasie

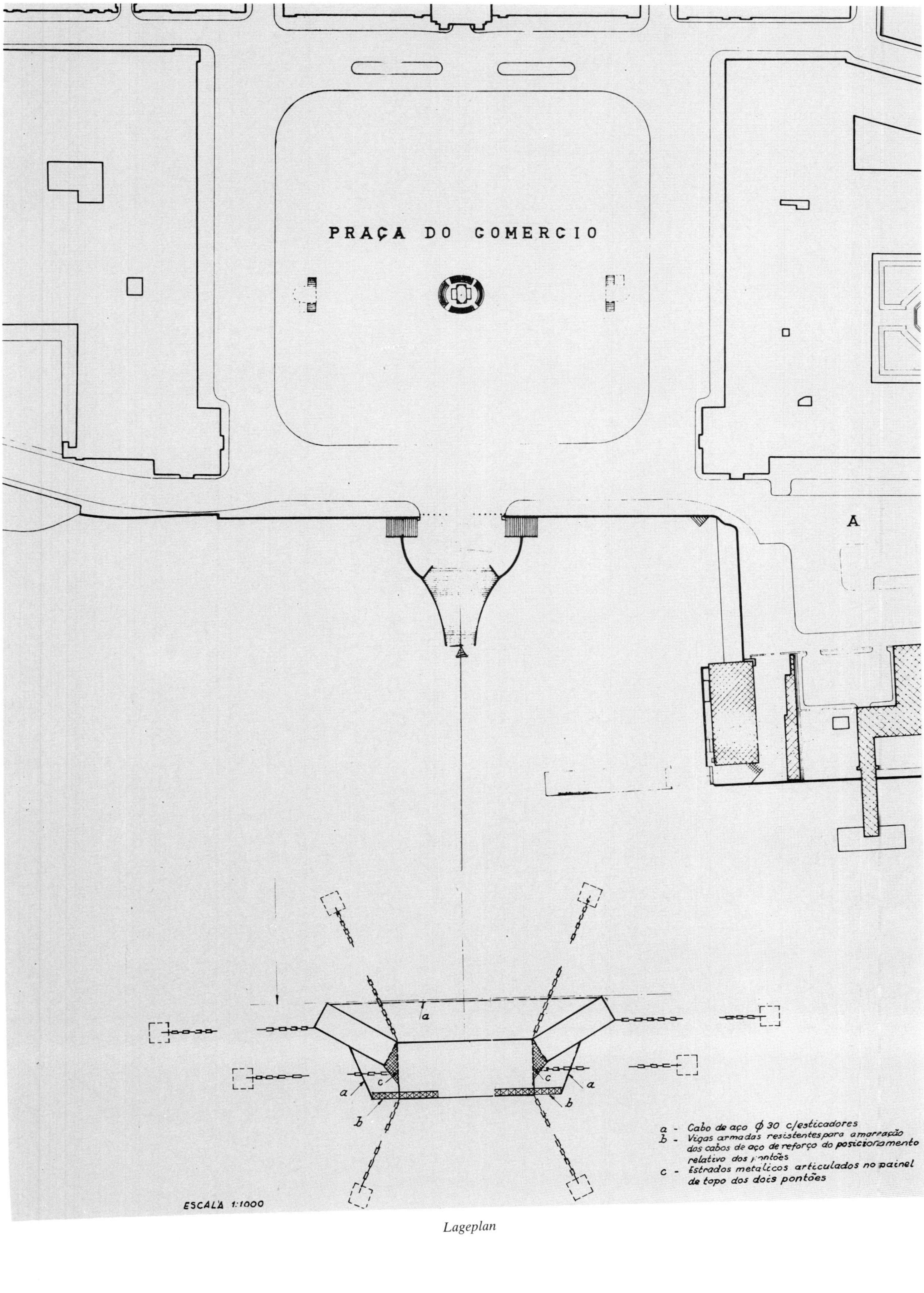
PRAÇA DO COMERCIO
A
a
c
a
b
c
a
b
a - Cabo de aço Ø 30 c/esticadores
b - Vigas armadas resistentes para amarração dos cabos de aço de reforço do posicionamento relativo dos pontões
c - Estrados metalicos articulados no painel de topo dos dois pontões
ESCALA 1:1000

Lageplan

210, Der Fingerzeig des Erhabenen

10. Juni 1983/Lissabon
Heute morgen, vormittag und mittag, gelang uns innerhalb der vorgegebenen Flutzeit die endgültige Beladung der Schiffe. Ein wolkenloser Gluthimmel über stehender, fiebriger Luft. Fotografen und Filmteams behindern die Arbeit, treten auf empfindliche Zündkabel, stolpern über in Sandkämme entlang der Bootsränder gesteckte Raketen und Bomben. Ich muß wieder einmal aufs Pompöseste toben, um Ordnung zu schaffen. Alle scheinen von einer Hysterie ergriffen zu sein, einer Art Flucht in meine Bereiche. Meine nebensächlichste Geste oder Äußerung wird dokumentiert, meinen Hustern strecken sich Mikrophone entgegen. Georg, Annette, Syberberg, ja sogar Marie geben für mich Ersatz-Interviews. Letztlich beginnen

Heller und Resetschnig in einem Lissaboner Photomat

verrückte Reporter, andere verrückte Reporter zu interviewen. Goldrausch-Stimmung herrscht, und meine Traum- und Gegenwelten sind der Boden, den sie Zentimeter für Zentimeter nach Schätzen durchwühlen.

Gegen 15 Uhr lichten wir die Anker. Im Tejo fließt an dieser Stelle bereits Salzwasser. 13 km sind es von einem Ufer zum anderen und kein Mensch weiß, wo der Fluß tatsächlich beginnt und der Atlantik aufhört. Hier übergab Vasco da Gama sein Schicksal den sieben Winden und entdeckte Indien. Mein riesiges Narrenschiff blinkt in der Sonne wie ein Köder für streunende Göttinnen. Links und rechts im Geleit das Vulkan-Aufbauten-Boot und jenes mit Leonardos „Mensch im Kreis". Hinter uns die zehn reich geschnitzten Fischkutter, die

211, Der Auftritt der Phantasie

212, Die beiden großen Konstruktionskräne vor dem Mittelschiff

die Prozession der Erleuchteten bilden werden. Es sieht unbeschreiblich schön aus. Georg und ich klettern hoch hinauf in die schwankenden Gerüste. Matrosen im Reiche der Salamander sind wir. Selige Herrschaft. Gleich wird sich uns Atlantis öffnen. Ich rufe den Namen des Glücks und Marie, die Stimme meiner Brautgesänge, winkt mir zu, und ich lache und hab es gut. Gut hab ich es. Der hl. Augustinus aber schreibt: *„Et eunt homines admirari alta montium, et ingentes fluctus maris, et latissimos lapsus fluminum, et oceani ambitum, et gyros siderium, et relinquunt se ipsum."* („Da gehen die Menschen, die Höhen der Berge zu bewundern und die Fluten des Meeres, die Strömungen der Flüsse, des Ozeans Umkreis und der Gestirne Bahnen und verlieren dabei sich selbst.")

Das will ich nie vergessen und mich nie verlieren, denn ich liebe mich und sie.

11. Juni 1983/Lissabon

Heute. Der Tag. Mein Tag. Schwer, etwas darüber zu sagen. Morgens die Stadt sehr fremd. Belagert durch Wolken. Sechsunddreißig Grad. Nichts Beruhigendes in all dem Dunst. Um elf Uhr Pressekonferenz für die Neuangekommenen. Auf einem Motorkutter umkreisen wir die großen, inzwischen vor dem Comércio verankerten Bühnenschiffe, deren Wirkung ohne jeden Zweifel grandios ist. Gegen Mittag stehen bereits tausende Schaulustige herum. Lautsprechertürme wachsen, vierzehn Boxen mit insgesamt dreißigtausend Watt Leistung. Vom Regiepult aus, links neben der überdeckten Ehrentribüne, agiert Christian Thiele, der vorzügliche Tonmeister, und jede in den Platz geschleuderte Testmusik scheint den Himmel vibrieren zu lassen wie den Deckel eines überkochenden Topfes. Freunde sind angereist: Luigi Blau und Ulli Stepan, Hubert Aratym, meine Mutter, Erikas Tochter Anna und viele, viele mehr. Fremde, Deutsche und Österreicher sprechen mich an: sie hätten alle ihre Ersparnisse verwendet, um sich leisten zu können, den Abschluß meiner Trilogie zu sehen. Ich hoffe, sie fühlen, wie sehr mich ihre Solidarität freut.

213, Böhmischer Nasenfunkler

214, Hadrians Garten

215, *Himmelsprothese*

216, *Der Auftritt der Phantasie*

Das portugiesische Fernsehen installiert einen riesigen Feuerwehrkran, von dessen Spitze aus übertragen werden soll. Vandenbergs Kameraleute sind auf der Zitadelle und auf Dächern der den Comércio begrenzenden Regierungsgebäude untergebracht. Ein Team des ORF filmt unter Leitung Erwin Fischers und Purzel Klingohrs die Entstehung unseres Films. Ich dirigiere per Walkie-talkie die beiden Kriegsschiffe „Odio" und „Violencia" in einem Probelauf der Seeschlacht. Georg überwacht auf einem nahen Polizeidock die Montage der drei mal vier Meter großen, auf Leinwand gemalten Schattenporträts von Gaudí, Chaplin, Rastelli, Mozart, Vasco da Gama, Laotse, Strawinsky, Picasso, Roussel und Shakespeare, als Segel auf die Fischkutter. Plötzlich verjagen Polizeioffiziere ohne Angabe von Gründen unsere Arbeiter und erzwingen einen Ortswechsel der Kutter. Das Ganze vollzieht sich in solcher Aufregung, daß die Zündleitungen, die die zehn bengalischen Hintersetzer der Porträts zünden sollen, zerstört werden. Eine Arbeit von etwa zwei Stunden muß wiederholt werden. Wir benötigen dazu eine lange, gerade Ufermauer. Ich versuche, mit den Offizieren zu verhandeln. Sanft, unsanfter, brüllend, vergeblich. Es kommt beinahe zum ersten Handgemenge des Tages. Seigner versucht, einen neuen Kai zu organisieren. Die Kutter treiben inzwischen auf dem Tejo. Diese Schwierigkeiten machen mich auf eine Art wach, als würde man ununterbrochen Eiswasser auf mich schütten. Es ist jetzt etwa sechzehn Uhr. Die Ruggieri-Leute auf den drei Hauptschiffen und bei der Regiezentrale auf dem Comércio kämpfen mit Kommunikationsschwierigkeiten, da unsere Sprechfunkfrequenz immer wieder von Kommandos der Hafenbehörde und des Taxifunks gestört wird. Wir beschließen, ein zusätzliches Intercom-System einzusetzen. Vom Land zum Mittelschiff, durch den Fluß, legen wir ein, sicherheitshalber seit Tagen vorbereitetes, bleiumwickeltes 250-Meter-Tonkabel, um den Feuerwerkern via Lautsprecher die Musik mit den Zündkommandos zu übermitteln. Das Kabel reißt durch die extreme Spannung und die Kraft der Ebbe-Strömung. Die Beteiligten sind starr vor Schrecken. Rainer Fabian unternimmt den Versuch, das Kabel zu bergen. Ich fahre inzwischen mit unserem Motorboot und sammle andere Katastrophenmeldungen. Die Fischer, die die Kutter manövrieren sollen, haben diese an unterschiedlichen Stellen des Ufers, teilweise weit voneinander entfernt, vertaut und sind abendessen gegangen. Niemand weiß, wohin und wie lange. Die dadurch zur Untätigkeit gezwungenen Pyrotechniker bekommen Gesichtsausdrücke wie Grünewaldfiguren. Ich blicke zum Comércio und stoße einen Schrei aus. Dort stehen hunderttausende Menschen. Ich kann es schwer schätzen, aber dreihunderttausend sind es mindestens, da der Platz und die Uferpromenaden bereits mit Leibern verbarrikadiert scheinen. Ich kann mich kaum darüber freuen. In fünf Stunden beginnt das Spektakel, wenn es überhaupt je beginnt. Mir ist bewußt, wie ungeduldig diese Massen bereits in zwei Stunden sein werden.

Die Nacht. Meine Nacht also. Seigner hat die Fischer, deren Gesichter er nicht kannte, aufgetrieben, indem er durch Wirtshäuser lief und „Fogo! Fogo!" rief. Ich befehle ihnen, die Schiffe wieder entlang der verbotenen Polizeiufermauer aufzureihen. Sie tun es widerwillig. Wir verkabeln. Plötzlich erscheint ein Gendarm, bedroht Seigner mit der Waffe und gibt einen Warnschuß ab. Ungeordnete Flucht.

Wieder Zerstörung aller Verbindungsleitungen. Ich beginne mit Atemübungen. Bestimme als letzte Möglichkeit eine Anlegestelle, die voll von den Zuschauern eingesehen werden kann: den Taxibootssteg. Vom Ufer hört man

217,218,219, Die Zuschauerinvasion

den Lärm eines gewaltigen Volksfestes. Rainer Fabian hat, ich weiß nicht wie, das Tonkabel geborgen. Wir flicken es und versuchen, es zu viert ein zweites Mal ganz behutsam auszulegen. Zentimeter für Zentimeter gleiten in den Fluß, dessen Tiefe hier zwischen drei und fünfzehn Metern schwankt. Nach etwa dreißig Minuten und einhundertfünfundvierzig Meter vom Comércio entfernt, entsteht ein furchterregender Zug am Seil, dem wir das Äußerste entgegensetzen müssen. Ich bin schweißbandagiert. Aber wir schaffen auch die letzten fünf Meter und schließen so das Mittelschiff direkt an das Regiepult an. Von dort her sehe ich Christian Thiele aufgeregt winken. Ich fahre zurück zum Taxibootssteg, wo die Pyrotechniker zum dritten Mal die Prozession verkabeln und versuche, zur Tribüne durchzudringen. Luigi Blau ist neben mir. Eine Ewigkeit boxen und schreien wir uns eine Gasse. Ich

220, Photographenstandort

bemerke tanzende, singende und musizierende Gruppen. Dutzende Würstel- und Fischbratereien werden von fliegenden Händlern eröffnet. Getränkeverkäufer machen das Geschäft ihres Lebens. Zuckerwatte und Maroni essende junge

221, Der kleine freie Platz vor der Ehrentribüne nach seiner Erstürmung

222, Oh Heiland reiß die Himmel auf

Leute in Trachten aus dem Alentejo erstaunen mich. Sie haben sich festlich angezogen, aus Ehrfurcht vor meinem Fest. Dutzende überfüllte Autobusse, auf deren Gepäckträgern noch dichtgedrängt Neugierige hocken, säumen die Uferpromenade. Irgendjemand gütiger hebt mich über die wackelige Absperrung und ich stehe in dem – noch – leeren Viereck, das der Regierung, den Diplomaten, den Journalisten und dem Fernsehen von der Polizei zugewiesen wurde. Ich steige auf das Podium zu meinen Generalstäblern. Thiele sagt: „Es sind schon offiziell über sechshunderttausend. Die Polizei schätzt das vom Hubschrauber aus. Ich kann deren panische Gespräche über unsere Walkie-talkies mithören. Sämtliche in den Comércio mündende Straßen sind zwei Kilometer weit mit Fußgängern verstopft. Autos kommen nicht mehr durch." Georg sagt: „Wir dürfen die Zentrale nicht mehr verlassen. Wir hätten keine Chance mehr zurückzukommen. Seigner ist sicher schon irgendwo hoffnungslos gefangen."

Wo sind meine Freunde, wo sind die Journalisten, denke ich. Ich laufe zur Tribüne. Dort sitzt, ich muß das einzige Mal an diesem Tag laut lachen, meine Mutter. Stoisch. Eine Begum für Fortgeschrittene. Und vor ihr, ganz unbewacht, verwirrt und gegen alles Protokoll unbegrüßt und unumworben, der Ministerpräsident Soares mit seiner Gattin. Er übt sich in Konversation mit Antonio d'Almeida. Auch wir wechseln ein paar Artigkeiten. Ich fühle mich als dreckiger, verschwitzter, mit vom Kabellegen blutigen Händen, wild gestikulierender lebensgefährlich Schlafwandelnder. „Es sind über sechshunderttausend Menschen gekommen, Herr Ministerpräsident", sage ich. „Sie sind heute der mächtigste Mann Portugals", antwortet er. „Nicht ich bin so mächtig, sondern die Erwartungen."

Meine Nacht also. Meine Nacht. Marie ist endlich da. Verstört auch sie. Fritz Rummler sehe ich. Die bleiche Eleanor Fuchs von der New Yorker „Village Voice". Den lieben Christoph Schmid. Manfred Scholz. „Die Leute haben mich geprügelt, weil ich vordrängte", erzählt er. Automobile seien zerdrückt worden und einige Freunde hätten auf halbem Wege aufgegeben, wollten zurück ins Hotel und hätten auch dies sicherlich nicht geschafft. „Die

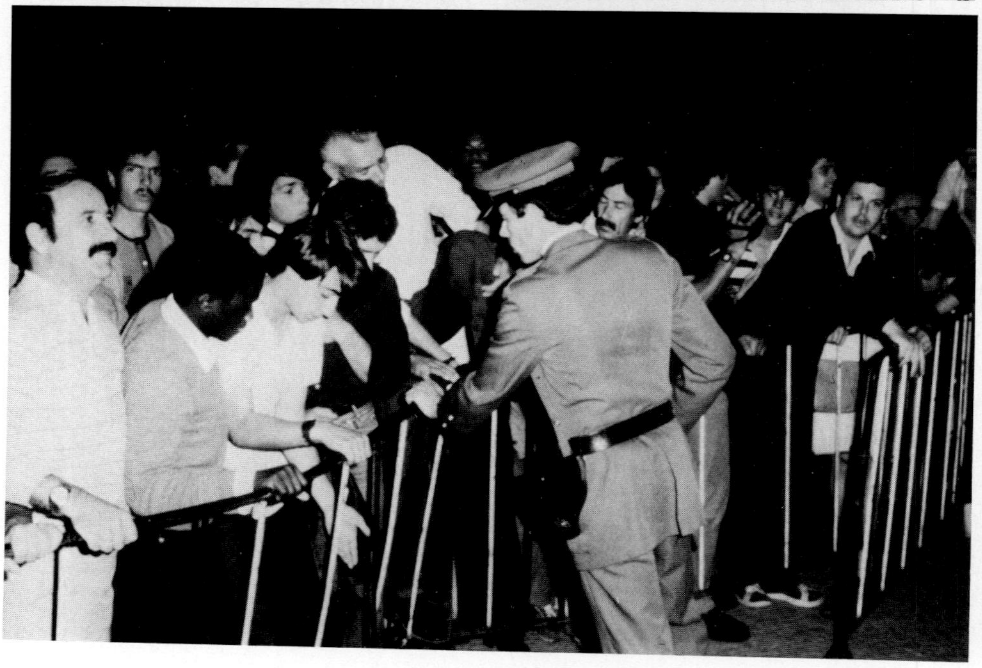

223,224,225, Absperrungen

stehen irgendwo in Haustoren und beten.“ Ich beginne meine Anrufungen der für Kunst zuständigen Schutzengel. Ich versuche, ihnen Gelübde anzubieten: „Wenn alles gutgeht, trenne ich mich von meiner Lieblingszeichnung. Jean Cocteaus ‚Apollinaire mit Kopfverband‘.“ Ich werde kindisch. Wir können nichts tun, außer warten. Über Intercom spreche ich mit Feuerwerkern auf diversen Schiffen. Sie scherzen und sind guter Dinge. Wütende Pfiffe gellen. Sirenen. Blaulicht. Hohe Herrschaften in Dienstwägen versuchen, sich im Schneckentempo durch die Wartenden zu schleusen. Man springt auf die Fahrzeuge, bricht Spiegel und Antennen ab. Spießrutenfahrten. Das Fernsehen überträgt seit etwa einer halben Stunde ein läppisches, streckenweise afrikanisch anmutendes Volkstanzprogramm. In unmittelbarer Nähe unserer Kommandozentrale wird getrommelt und gejucherzt, gesprungen und gepascht. Es macht mich nicht gerade entspannter. Ein schnauzbärtiger Greis, auf Bubi getrimmt, steht im Smoking auf der Ehrentribüne und schildert den Fernsehern in den Umbaupausen zwischen den einzelnen Folkloretruppen die Ereignisse, die bisher vor allem aus

226, Heller, d'Almeida, Soares, Frau Soares

dem seltenen Umstand bestehen, daß in etwa so viele Schaulustige erschienen sind, wie Lissabon Einwohner hat. (Das heißt, daß einige Hunderttausende von außerhalb Lissabons angereist sein müssen.) Ich höre die neue Polizeischätzung jetzt schon ungerührt: Neunhunderttausend! „Vierhunderttausend mehr als beim Papst“, sagt das uralte Smoking-Bubi mit bebender Stimme, als handle es sich um einen Josef-Kainz-Imitationswettbewerb. Ich möchte ihn ohrfeigen. Ich glaube, daß es einen zaubrischen Zusammenhang zwischen diesem schmierigen Männlein und der Menge der Geister, die ich rief, gibt. Würde ich ihn ohrfeigen, gäbe es sicher weniger Zuschauer. Mit jedem Schlag fünfzigtausend weniger. Georg versucht, mich zu beruhigen. Wir zählen mehrmals die Polizisten, die den Präsidenten, die Regierung, das diplomatische Corps und vor allem unsere Verkabelungen schützen sollen. Es sind achtzehn Mann. Achtzehn gegen neunhunderttausend! Jetzt versuche ich, Georg zu beruhigen. Maximal dreihunderttausend werden in der Lage sein, tatsächlich etwas zu sehen.

Oben auf dem Kastell stehen nochmals achtzig- bis hunderttausend Menschen und bedrängen unsere Kameraleute. Ich gehe die zehn Schritte bis zur kniehohen Ufermauer und steige drauf. Vor mir, in mondloser Nacht, die Feuerwerksbühne. Wie das sündteure Spielzeug eines fürstlichen Riesen. Ungezählte Flammen, Farben, Formen, Töne, Flugbahnen warten dort auf ihre Auslösung. Hunderte Frauen und Männer haben monatelang Kar-

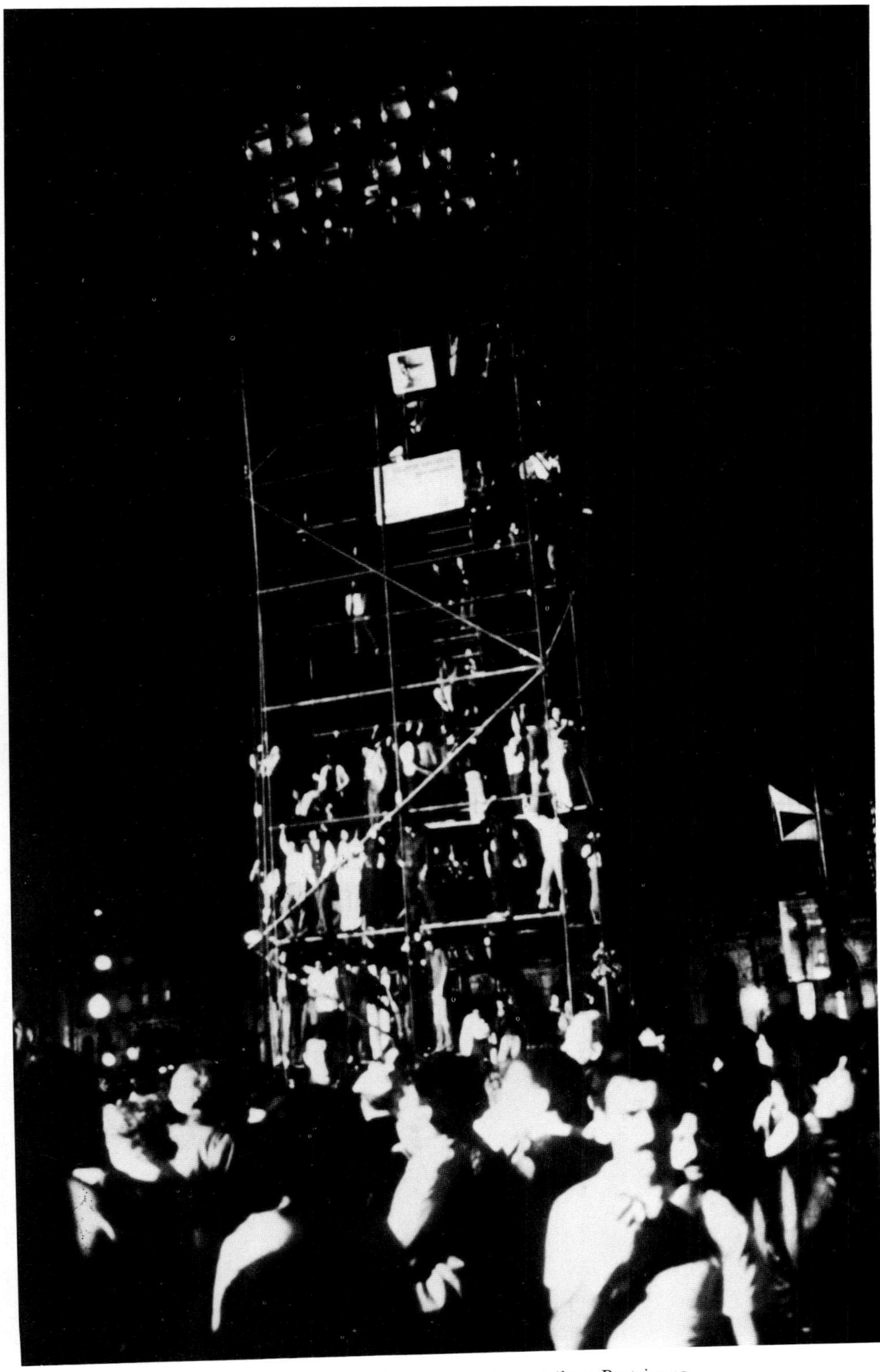

227, Die Lautsprechertürme zu Beginn ihrer Besteigung

228, Untergangsmaschinen

Feuertheaterplakat von Resetschnig und Heller

ton- und Metallröhrchen und Kugeln mit Chemikalienkombinationen gefüllt, haben meine Zeichnungen in Holz nachgeformt und im Abstand von fünf Zentimetern mit bengalischen Lichtern bestückt. Insgesamt fünfzehn Kilometer Kabel und Zündschnüre verbinden die einzelnen pyrotechnischen Artikel und sollen für ihr Funktionieren sorgen. Mehrspurige Magnetbänder wurden mit Musik bespielt, dazu, um Synchronexplosionen zu gewährleisten, die Zündkommandos um jeweils die Bruchteile von Sekunden zeitversetzt, die zwischen Zündung und Sichtbarwerden eines Effektes liegen. Es ist jetzt dreißig Minuten vor Mitternacht. Meine Nacht also. Die Prozessionsschiffe sehe ich. Hoffentlich ist Seigner in Sicherheit und wird für alle seine Mühe, Risikofreudigkeit und Mutmacherei nicht noch daran gehindert, die Früchte unserer Arbeit zu schmecken.

Die Massen erzeugen ein mir bisher unbekanntes Geräusch: gewaltiges Schnarren. Heuschreckenschwärme klingen vielleicht so. Von allen Seiten wird uns zu der Zuschauerzahl gratuliert. Mir aber ist unheimlich. Die Absperrungen bestehen aus lächerlichen, mit zwei Fingern umzustoßenden, etwa einen Meter hohen Barrieren, die man gewöhnlich zur Markierung von Baustellen verwendet. Einzig die Autoritätsgläubigkeit der Menschen läßt sie diese Scherzartikel bisher respektieren.

Ich wünschte, dieses lähmende, niemanden interessierende Folkloreprogramm nähme endlich ein Ende. Manche Zuschauer warten jetzt schon zwölf Stunden. In Deutschland oder Österreich hätten sie längst randaliert.

In zunächst vier Metern Höhe verlaufen unsere Signaltonleitungen über den Platz, von beiden Beschallungstürmen führen sie zu Masten und von dort zu dem Unterwasserkabel. Das ganze ist außerhalb der vorstellbaren Zuschauerreichweite, aber im Gedankengalopp dieser Nacht wird auch das Unvorstellbarste, zumindest schemenhaft, vorstellbar. Jetzt müßten jeden Augenblick die Lichter verlöschen. Wie wird die Polizei darauf reagieren? Der dank Georgs Intervention Ungeohrfeigte hält den Fernsehern einen Kurzvortrag über mein bisheriges Wirken und begrüßt den Ministerpräsidenten. Keine Hand rührt sich zum Applaus. Ich zeichne Georg, Christian Thiele und dem Ruggieri-Chef ein Kreuz

229, Teil des Buketts

auf die Stirne, wie es mir meine Großmutter immer vor Reisen zum Schutze gab.

Die Straßenlampen gehen aus. Ich sage noch: „Gott ist gerecht.“ In diesem Augenblick brüllen neunhunderttausend Stimmen auf. Ich denke: ich zerspringe wie ein Stück Porzellan. Ich werfe den Kopf nach links und sehe den ersten Riß in der Absperrung und, beinahe gleichzeitig, den Dammbruch. Sie stürmen den kleinen freien Platz. Sie stürmen die Lautsprechertürme. Sie stürmen das Regiepult. Sie stürmen die Ehrentribüne. Sie fallen zu Hunderten über die Uferbrüstungen in den Schlamm und das Wasser. Ich nehme fliehende Kameraleute wahr. Panik. Heulen und Toben. Körperspringflut. Außerhalb dessen, was man gültig beschreiben kann. Angst! Angst! Angst! Georg gibt aus einem genialen Instinkt heraus das Kommando für den Beginn des Kunstwerkes. Musik setzt ein. Die Fanfaren des Jüngsten Gerichts glaube ich zu hören. Dann verwandelt sich der Himmel hunderte

Meter hoch in tollwütige Feuerbilder. Die Menschen werden sofort ganz ruhig. Bleiben stehen und schauen staunend nach oben. Es ist, als würde ein neues Planetensystem geschaffen. Die erste Sekunde der Ewigkeit. Der Urschrei der Wunder. Auch ich bin überwältigt. Flammenschriften entstehen. Ein Vulkan entlädt sechzig Sekunden lang Tausende goldene Fühler. Baumhohe bengalische Kreisel in den Spektralfarben rotieren über die Flußoberfläche. Jubel und Klatschen höre ich und juble und klatsche mit. Ich kann mir nicht vorstellen, daß das, was ich sehe, von mir erdacht und ermöglicht wurde. Es ist so viel schöner als alles, was ich erwartet habe. Georg und ich schlagen sinnlos aufeinander ein. Weiß blendende Springlichter vermischen sich mit komplizierten Pflanzen- und Tierformen, die in ihre eigenen Spiegelbilder zu regnen scheinen. Es hat eine Intensität und Dimension, für die wir von der Gefühlsstatik her nicht berechnet wurden. Unsere Sinne assoziieren diese Ausmaße automatisch mit Naturkatastrophe oder Krieg. Ich bemerke viele Weinende.

230, Dammbruch

Die Seeschlacht hat begonnen. Zwei Schiffe im Dienste von Haß und Dummheit. Blut und Vernichtung speiende Alptraummaschinen. Rauchkaskaden. Bomben und Gluthagel. Apokalyptische Reitereien. Ein Wahnsinniger schlachtet das Firmament. Der Wahnsinnige bin ich. „Là-bas", flüstert der Ruggieri-Chef. „Regardez!" und deutet rechts nach oben. Etwa fünzig euphorische Leute haben die Lautsprecherturmspitze erklettert. Halten sich an den Kabeln fest wie an Haltegriffen im Autobus. „No!", versuche ich gegen Strawinsky und Raketen anzuschreien, „No!, No!". Ebenso sinnlos wie lächerlich. Die erste Leitung

231, Blick aus den hinteren Reihen

reißt. Bitte nicht! Nur das nicht! Einige Lautsprecher fallen aus. Der Musikpegel sinkt. Draußen am Fluß entsteht gerade zwischen brennenden Vorhängen Leonardos „Mensch im Kreis". Tosendes Klatschen und Bravo-Rufe. Die Lautsprechertürme beginnen zu schwanken. Eine Leitung nach der anderen wird zerstört. Es ist kaum noch Musik zu hören. Bild IV hat den Auftritt der Phantasie zum Inhalt. Die gesamte Feuerwerksbühne bebt unter der prachtvollen pyrotechnischen Raserei.

Funkelnde Heiligenscheine mit einem Durchmesser von siebenhundert Metern legen sich über die portugiesische Hauptstadt. „Heller, we are out of control", sagt der Ruggieri-Franzose ganz gegen seine Gewohnheit auf englisch. Die letzten Kabel sind zerfetzt, Kurzschlüsse die Folge. Tausende Raketen zünden gleichzeitig. Nicht, daß es nicht beeindruckend aussähe. Aber: keine Musik mehr. Keine logische Handlung mehr. Keine Farb- und Formenabstimmung mehr. Ich drehe durch vor Wut. Die Neunhunderttausend lieben, was sie sehen. Ich spucke die Luft an. Zerkratze mir selbst die Arme. Meine Nacht also. Aus. Ende. Um vierzehn Minuten zu früh. Keine Wiedergeburt des Friedens aus der Phantasie. Keine Picasso-Taube und keine an Fallschirmen niederschwebenden Kometen und Alphabete. Keine Prozession der Erleuchteten. Alle warten ruhig auf die Fortsetzung. Begreifen, daß das nicht der logische Abschluß gewesen sein kann. Georg befällt ein Schüttelfrost. Meine Wut macht Schmerzen Platz. Jede Pore tut weh. Der Oberfeuerwerker raucht eine Zigarre und grinst hysterisch. Christian Thiele wiederholt stereotyp das Wort: Wahnsinn.

Die Begeisterung war die einzige Fehlerquelle, auf die ich nicht genügend vorbereitet war. Marie ist von irgendwoher da. Starrt mich nur an, weiß natürlich, was los ist. Sie umarmt mich. Ich umarme Georg. Und wie siamesische Drillinge marschieren wir einfach ab. Stumm ineinander verkrallt. Der Journalist André Igler bahnt uns irgendwie einen Weg. Ich weiß nichts Genaues mehr. Leer im Kopf. Traurigkeit. Benommenheit. Fast eine Million Wartender. 30 Minuten später warten die meisten noch immer, die Regierung mitten drin in der Falle. Komischer Triumph das Ganze. Alles bewiesen, was zu beweisen war. Keine Kunst ist massenwirksamer. Woodstock hatte weniger Besucher. Die Statistiker werden da schon einiges herausfinden. Um zwei Uhr morgens halte ich im Festsaal des Hotels Avenida Palace vor den Freunden und Journalisten, die mich mit demonstrativem Jubel empfangen, eine Ansprache. Ich sage genau, was ich denke und weiß. Einige Wohlmeinende tadeln mich später dafür. Ich hätte die Pannen überhaupt erst bekanntgemacht. Ohne meine Informationen hätten alle über einen grandiosen, reibungslosen Erfolg berichtet. Ich antworte, daß ich zu alt, zu berühmt und zu selbstbewußt sei, um lügen zu müssen. Ich bin inzwischen zum Feiern aufgelegt, weil es keinen einzigen ernsthaft Verletzten gibt. Das ist ein wirkliches Wunder. Nur Totalschäden an dutzenden Automobilen und einige Ohnmächtige und Personen mit Schürfwunden. Ich bin mehr als dankbar. Später weine ich. Noch später lache ich. Mein Tag also und meine Nacht.

232

233, Picassos Friedenstaube als Pyroplastik

NACHBEMERKUNG

ANDRÉ HELLER
20. SEPTEMBER 1983, WIEN

Heute, drei Monate nach „Teatro de Fogo", halte ich insgesamt dreizehn Einladungen von Bürgermeistern, Kulturämtern, Kongressen, Festivals, Industriefirmen und Privatpersonen in Händen, die bereit wären, Wiederholungen, Variationen und Neuschöpfungen von Pyrodramen zu finanzieren. Hunderte Publikationen, Fernseh- und Rundfunkstationen in aller Welt haben ausführlich über das Lissaboner Ereignis berichtet. Ich habe sechsundvierzig Briefe mit Gratulationen und Ratschlägen von Pyrotechnikern erhalten. Darunter zwei aus China, einen aus Indien und drei aus der Sowjetunion.
Am 30. Juli 1983 widmete die „Neue Zürcher Zeitung" der Renaissance des Feuerwerks einen dreiseitigen Artikel von Georg Kohler und Dominik Keller. Eine der darin enthaltenen Behauptungen lautet:
„Doch zugleich ist Feuerwerk, und nicht nur das barocke, immer auch Selbstzweck; kein Symptom, sondern ursprünglicher Ausbruch archaischen Wünschens: sich vergeuden zu können ohne Rücksicht; alles in Lust zu versprühen, über alle Grenzen der Vernunft hinweg; das Bleiben-Müssen, den Selbsterhalt, die Sorge zu transgredieren in den einen einzigen Moment der Selbstauflösung und des Alles-ist-Eins. Aufhebung der Tabus der Sparsamkeit und des Zwanges zur rationalen Kalkulation, souveräner Akt des Schenkens also, selbst wenn dieses Schenken auf eine Selbstzerstörung hinausläuft – das ist der andere, geheimere Sinn der Vergeudung, die jedes Feuerwerk darstellt und vollzieht: der große Potlatsch."
Das Thema verselbständigt sich also. Schon sind wieder die Geometer unterwegs, um die von mir teils wieder- und teils neuentdeckten Gebiete genau zu vermessen. Als zweites werden sich bald, wie nach allen meinen früheren Projekten, die Epigonen und Weiterentwickler melden. (Derzeit gastieren beispielsweise allein in München: „Roncalli II", das „Traumtheater Salome" und eine „Traumfabrik".)
Ich will nach einer äußerst gelungenen Aufführung einiger Feuertheatersequenzen am 14. September am Hallstättersee noch zwei oder drei weitere Feuererfahrungen machen. Im August 1984 vor dem Berliner Reichstag, im September 1984 in Kombination mit der von Walter Haupt entwickelten „Linzer Klangwolke" im Rahmen des Bruckner-Festivals auf der Donau und abschließend im Frühjahr 1985 im New Yorker Central Park.
Dann möge endlich die Zeit für meine *inszenierte Landschaft* reif sein, dem als Pflanzenlabyrinth angelegten *kritischen Paradies,* der Erneuerung der Parkkünste.

INHALTSVERZEICHNIS:

BIBLIOGRAPHIE UND BILDNACHWEIS

Ernst *BLOCH:* „Das Prinzip Hoffnung“, Suhrkamp Taschenbuch Wissenschaft, Frankfurt am Main, 1959, S. 502 ff., 821 ff.

„DU“, Conzett + Huber, Zürich, 7/1979, Dominik *KELLER* S. 31, Hilde *SPIEL* S. 62 f, Hans Jürgen *SYBERBERG* S. 68

André *HELLER:* „Es werde Zirkus“, S. Fischer Verlag, Frankfurt am Main, S. 144 ff.

Kurt *MOLDOVAN:* „Zirkus“, Edition Tusch im Verlag Anton Schroll & Co, Wien und München, 1971, Abbildung S. 43

SCHLEMMER/MOHOLY-NAGY/MOLNAR: „Die Bühne im Bauhaus“. Neue Bauhausbücher bei Florian Kupferberg, Mainz und Berlin, 1965, S. 18 ff., 51 f; Abbildung S. 30, 65

Abbildung auf Seite 155 aus der Fundação Ricardo do Espirito Santo Silva, Lissabon

PHOTONACHWEIS

PETER ALPEN 32, 43, 56, 62, 66

WILLI BAUER 176, 177, 219, 227

LILLIAN BIRNBAUM 73

JEAN-MARIE BOTEQUIN 47, 64

GABRIELE BRANDENSTEIN 8, 14, 18, 19, 20, 22, 30, 33, 34, 40, 41, 42, 44, 46, 54, 67, 69, 107, 108, 123, 124, 125, 126, 136, 138, 140, 184

HERMINIO CLEMENTE 154, 196, 209, 211, 221, 229

HANS-DIETER FISCHER 9, 10, 11, 12, 13, 51, 52, 53

CHRISTINE DE GRANCY 15, 16, 31, 35, 36, 37, 38, 39, 61, 68, 74, 75, 96, 97, 98, 99, 105, 113, 133, 155, 156, 157, 158, 159, 160, 161, 162, 163, 164, 165, 166, 170, 171, 172, 185, 186, 188, 189

HEIKE HUBERT 5

FRANZ HUBMANN 88

HERBERT HUFNAGL 169, 216

JOHANNES IFKOVITS 132

BURKHARD JÜTTNER 55

DOMINIK KELLER 210

KARL KHELY 168, 180, 198, 199, 200

JOHANN KLINGER 129

JACQUES HENRI LARTIGUE 1

ERICH LESSING 187, 207, 213

PETER G. METZLER 49

STEFAN MOSES 71, 72, 76, 77, 78, 79, 80, 82, 83, 84, 85, 86, 87, 89, 92, 93, 95, 100, 101, 103, 104, 109, 110, 115, 117, 118, 122, 127, 134, 135, 141, 142, 143, 144, 145, 146, 147, 148, 149, 150, 152, 153

ISOLDE OHLBAUM 45, 48, 58, 59, 60, 65

ERICH OFFERMANN 131, 137, 139, 151

MARKUS PELKA – MARTIN SWOBODA 167, 202

HELGA PISTERS 63

ERIKA PLUHAR 173

JOSEF GALLUS RITTENBERG 70

UDO SCHREIBER 191, 215, 223, 224, 225, 230

JAN SCHULZ 182, 192, 201, 214, 226, 228

JÜRGEN SIEKMEYER – BRITTA MICHAELIS 90, 91, 94, 102, 106, 111, 112, 116, 119, 120, 121, 128, 130, 174, 175, 178, 179, 181, 183, 193, 194, 197, 203, 205, 206, 212, 222, 233

HELGA SITTL 50, 57

KLAUS STASIEWSKI 114

FELICITAS TIMPE 6

EURICO VASCONCELOS 217, 218, 231, 232

ARIBALD WESSELOW 190, 195

WOLFGANG ZIERHUT 2, 3, 4, 7, 23, 24, 25, 26, 27, 28, 29

LEO NAVRATIL
DIE KÜNSTLER AUS GUGGING
Zustandsgebundene Kunst

In diesem Katalogwerk sind 34 Künstler vertreten, die etliche Jahre im Nö. Landeskrankenhaus für Psychiatrie und Neurologie in Klosterneuburg-Gugging verbracht haben. Dr. Leo Navratil präsentiert ihr, bereits heute als klassisch zu bezeichnendes und weit über die Grenzen Österreichs bekannt gewordenes Werk. Darüber hinaus enthält der Band einen umfassenden, spannenden Textbeitrag von Dr. Leo Navratil über zustandsgebundene Kunst und eine Theorie der Kreativität, deren wissenschaftliche Fundiertheit und Innovation das vorliegende Buch zu einem Grundlagenwerk für alle jene qualifiziert, die sich mit Kreativität im allgemeinen und mit Kunst von psychiatrischen Patienten im besonderen befassen.

WUNDERBARE REISEN
DES FREIHERRN VON MÜNCHHAUSEN
großzügig bebildert von ATTERSEE

Der Kollision zwischen Literatur und Malerei, wie sie sich in illustrierten Ausgaben darbietet, ist in der Rezeptionsgeschichte bestimmter Werke immer eine besondere Bedeutung zugekommen. Eindrücke der Lektüre – etwa in der Kindheit – sind auf das engste mit den sie begleitenden Illustrationen verknüpft, leben durch sie fort. Möglicherweise wird Attersees grafische Bezugnahme zum „Münchhausen“ für künftige Generationen als einprägsames Signum weiterbestehen.

CARL EINSTEIN
WERKE BAND I (1908–1918)
WERKE BAND II (1919–1928)
WERKE BAND III (1929–1940)

Einsteins Arbeiten sind eine so explosive Mischung aus radikaler Sabotage sämtlicher Konventionen und literarischer Exzentrik, daß, mit ihnen verglichen, sogar manche der nicht gerade unkomplizierten Schriften seines Kollegen Walter Benjamin wie ein auf Publikum berechnetes Didaktikum aussehen.

BERNHARD MINETTI
FAUST

Bernhard Minetti: Ihm und seinem Berliner Faust ist ein ganzes großformatiges Buch gewidmet, mit zahlreichen Beiträgen, vielen Photos, mit „Faust“-Skriptogrammen aus Minettis Hand. Minetti hat etwas zu sagen, auch wenn er *über* das Theater spricht.

EDMUND MACH
BUCHSTABEN FLORENZ

Je nach Stimmungslage Machs sind die Gedichte mehr oder weniger zugänglich und verständlich. Oft enthalten sie einen Schuß satirischer Weltbetrachtung, manchmal sind es einfache Bilder, dann wieder komplizierte Gedankengebäude. Nun liegt das erste Buch Machs vor, ein kleines Kunstwerk aus einer Welt mit einer anderen Logik.